Wissen im Bild

BOTANIK

M. Crespo

Wissen im Bild
BOTANIK

tosa

Originaltitel „Atlas de Botánica"

Übersetzung, Redaktion und Satz:
Dr. Jörg Meidenbauer Verlagsbüro, München

Umschlag:
Kraxenberger Kommunikationshaus GmbH, München

Druck: Ueberreuter Print und Digimedia

Vorwort

Das Befassen mit der Pflanzenwelt aus einer entwicklungsgeschichtlichen und ökologischen Perspektive macht eine klare Unterscheidung zwischen den Begriffen »Flora« und »Vegetation« notwendig. Dieser Punkt ist von besonderer Bedeutung, da in beide Themenfelder sehr unterschiedliche Aspekte einfließen. Die Flora wird hier verstanden als das Ergebnis geschichtlicher Entwicklungen, wohingegen die Vegetation von aktuellen Faktoren bedingt wird, vor allem vom Klima. Der Unterschied ist so grundsätzlich, daß man zwei grundlegend verschiedene Bücher darüber schreiben könnte. Das vorliegende Werk befaßt sich daher in erster Linie mit der Vegetation.

Aufnahmen aus dem Weltall zeigen, daß die Vegetation über die Oberfläche der Erde mit einer erstaunlichen Gleichmäßigkeit verteilt ist. Uns jedoch, die wir uns selbst auf der Oberfläche dieses Planeten befinden, geschieht manchmal das, was in dem wohlbekannten Sprichwort beschrieben ist: Man sieht den Wald vor lauter Bäumen nicht.

Unser Anliegen ist es, dem Leser einige Grundbegriffe anzubieten, anhand derer er ein Funktionsschema der Geographie der Vegetation erstellen kann. Warum findet man den Dschungel ausschließlich in Äquatornähe? Warum bilden Nadelholzwälder die Hauptvegetation der subarktischen Breiten? Worauf ist die ungewöhnliche Ausdehnung der Steppen in Südrußland zurückzuführen? Wie erklärt man sich die Existenz der riesigen Halbwüste Patagoniens? Warum verlieren die grünen Laubwälder Mitteleuropas regelmäßig ihr Laub, sobald es Herbst wird? Eine Unzahl derartiger Fragen könnten wir uns stellen.

Die nachfolgenden Kapitel bieten Antworten sehr unterschiedlicher Art an, die jedoch alle in einem Punkt übereinstimmen: Es handelt sich immer um Thesen, die auf die Umwelt und insbesondere das Klima eingehen. Um also dem Leser ein vollständigeres Deutungsschema zu bieten, haben wir eine Beschreibung der zu einer jeweiligen Vegetation gehörenden Klimazone und eine Deutung der sie bestimmenden geographischen Faktoren hinzugefügt (allgemeiner Kreislauf der Atmosphäre, Geländeform, Meeresströmungen, usw.).

Natürlich benötigt man bei einer solchen Vorgehensweise ein konkretes geographisches Gebiet, auf das man die Erkenntnisse anwenden kann. Auch wenn der Begriff »Vegetation« die Möglichkeit bietet, Pflanzenlandschaften an sehr unterschiedlichen Orten zu vergleichen, unabhängig von den dort anzutreffenden Pflanzenarten, so übersteigt doch eine sämtliche Kontinente umfassende Deutung die Grenzen dieses Buches. Ein weniger globaler geographischer Rahmen, der es uns dennoch ermöglicht, alle großen Pflanzenformationen unseres Planeten zu berücksichtigen, erschien uns angemessener.

Texte und Abbildungen stehen in diesem Buch gleichberechtigt nebeneinander. Unsere Absicht war dabei stets, die Abbildungen auch für sich allein sprechen zu lassen. Mit einer Überschrift und noch knapperen Beschriftungen sollten sie unmittelbar verständlich sein, bestimmte im Text auftauchende Begriffe erläutern, ohne sich jedoch mit den Erklärungen im Text zu überschneiden. Soweit als möglich wollten wir uns nämlich kurz und eindringlich fassen.

Einleitung

FLORA UND VEGETATION

Es bietet sich an, die Pflanzenwelt einer bestimmten Region aus zwei Perspektiven zu betrachten. Wollen wir jede der vorkommenden Pflanzen auflisten und bestimmen, so befassen wir uns mit einer Studie der Flora. Gilt unsere Aufmerksamkeit jedoch der Physiognomie der Pflanzen oder der Beschaffenheit der Landschaft - ob sie aus Bäumen, Gräsern oder Sträuchern besteht, einen Wald, eine Steppe oder eine Wüste bildet -, untersuchen wir die Vegetation. Die beiden Begriffe ergeben sich also aus grundlegend verschiedenen Forschungsmethoden.

Die Flora ist das Ergebnis vergangener Zeiten und historischer Ereignisse: Entstehung von Leben auf der Erde, die geologische Geschichte des Planeten, Entwicklung des Klimas, usw. Unterscheidet sich jedoch die Vegetation in einem Gebiet stark von der in einem anderen, so ist dies nicht so sehr auf historische Ursachen zurückzuführen, als vielmehr auf aktuelle Umwelteinflüsse, vor allem auf Klima und Bodenbeschaffenheit. So weist zum Beispiel die Vegetation in Nordkanada und im nördlichen Rußland als Ergebnis gleicher Umweltbedingungen eine identische Physiognomie und Struktur auf: ein Nadelwald, der sich einem Klima mit kurzen, kühlen Sommern und langen, sehr kalten Wintern angepaßt hat. Allerdings unterscheidet sich die Flora, und das nicht nur, weil die kanadischen Wälder eine größere Artenvielfalt als die Wälder Europas aufweisen. Welches sind die Ursachen? - Geologische und klimatische Ereignisse (Gletscherbildungen), die beide Kontinente im Tertiär und zu Beginn des Quartär erfahren haben.

DIE FLORENREICHE DER ERDE

Die Erdoberfläche ist ein Gefüge großer Kontinentalplatten, die sich im Laufe der Jahre verschoben haben. Während sich also einige Kontinente bereits vor Urzeiten abgespalten haben, blieben andere bis vor gar nicht langer Zeit miteinander verbunden. So hat auch das Klima des Planeten im Verlauf der Geschichte erhebliche Veränderungen erfahren. In Gebieten, die heute durch die Tundra oder die Polarwüste bestimmt werden, wie etwa Grönland und Spitzbergen, sind Fossilien von Pflanzen aus dem Tertiär entdeckt worden, die denen sehr ähneln, die heute in den gemäßigten Klimazonen leben.

Mit Bestimmtheit läßt sich sagen, daß die verschiedenen Regionen der Erde sich mehr oder weniger unabhängig voneinander entwickelt haben, was die Entwicklung verschiedener Floren und Faunen mit sich gebracht hat. Die Flora wird in sechs große Florenreiche eingeteilt: holarktisch, paläotropisch, neotropisch, kapensisch, australisch und antarktisch.

Die Holarktis, das größte Florenreich, umfaßt bis ungefähr 30° nördlicher Breite die Gebiete der nördlichen Erdhalbkugel. Pflanzenfamilien wie die Birkengewächse, Weidengewächse, Hahnenfußgewächse, Glockenblumengewächse und andere sind vor allem in dieser Region vertreten. Die Einheitlichkeit der Flora dieses weitläufigen Gebiets ist auf die bis weit nach Beginn des Tertiärs bestehende enge Verbindung zwischen den Kontinentalplatten Eurasiens und Nordamerikas zurückzuführen. Die bedeutsamste Tatsache ist wohl die Verringerung der Artenvielfalt, welche die europäische Flora, verglichen mit der Flora in anderen Gebieten der Holarktis, erfahren hat. Aus den Anfängen des Tertiärs stammende Fossilien belegen, daß die Artenvielfalt damals viel größer war als heute, und sehr viele Pflanzenarten vorkamen, die jetzt nur noch in Ostasien oder Nordamerika anzutreffen sind. Die zunehmende Abkühlung des Klimas, die in der Gletscherbildung ihren Höhepunkt fand, verursachte das Aussterben zahlreicher Arten. Diejenigen, die vom Aussterben nicht betroffen waren, fanden in südlicheren Regionen Zuflucht. Während der Zwischeneiszeiten, als die klimatischen Bedingungen besser wurden, breitete die in ihrer Artenvielfalt ärmer gewordene Flora sich wieder nach Norden aus. In Europa jedoch wurden diese Verschiebungen durch die großen transversalen Gebirgsketten (Pyrenäen, Alpen, Karpaten) und durch das Mittelmeer behindert.

Die tropischen Florenreiche befinden sich in den subtropischen und tropischen Gebieten. Es gibt das paläotropische und das neotropische Reich, die jeweils der Alten und der Neuen Welt entsprechen. Die tropische Flora besteht aus einer großen Anzahl von Pflanzenfamilien,die ausschließlich oder fast ausschließlich in tropischen Bereichen vorkommen. Andererseits gibt es auch nur wenige Pflanzenfamilien aus gemäßigten Klimazonen, die in den tropischen Breiten vertreten sind. Diese Unabhängigkeit ist darauf zurückzuführen, daß beide Floren die Evolution mehr oder weniger voneinander getrennt erlebt haben. Seit Urzeiten waren sie durch Gebirgsketten oder Wüsten (Himalaja, Sahara, die Wüsten in Arabien, im Iran und in Zentralasien) getrennt.

Eines der auffallendsten Merkmale der tropischen Flora ist die ungewöhnlich weite Entwicklung der Holzgewächse (Bäume, Sträucher, Lianen). Für den afrikanischen Äquatorialwald zum Beispiel wird die Zahl der verholzten Arten auf mehrere Tausend geschätzt. Diese Vielfalt übertrifft bei weitem die vergleichbarer, gemäßigter Zonen. Außerdem treten

Stellung der Kontinente zueinander vor

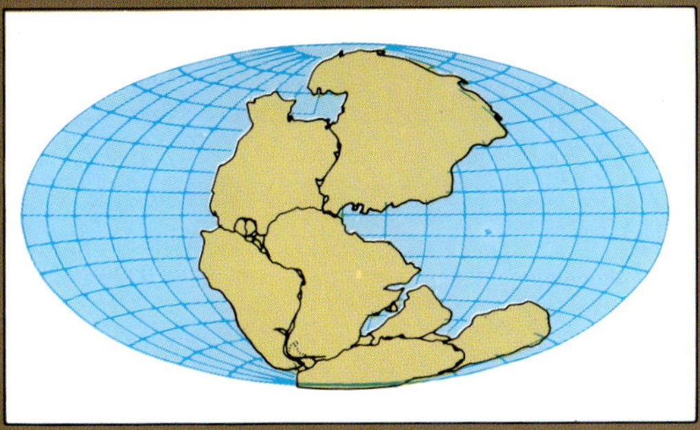

230 Millionen Jahren (Ende des Perm)

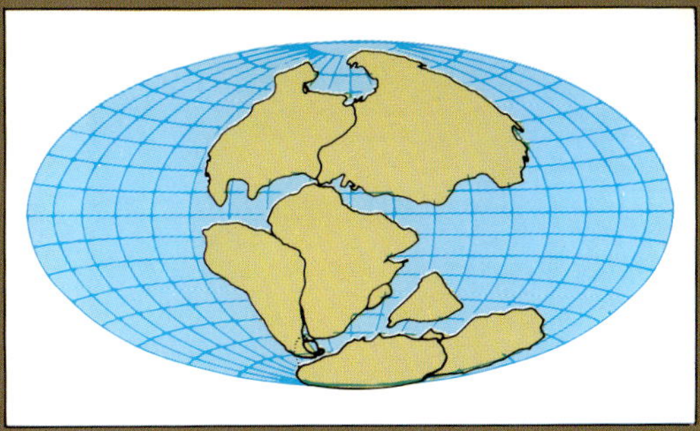

200 Millionen Jahren (Ende des Trias)

135 Millionen Jahren (Ende des Jura)

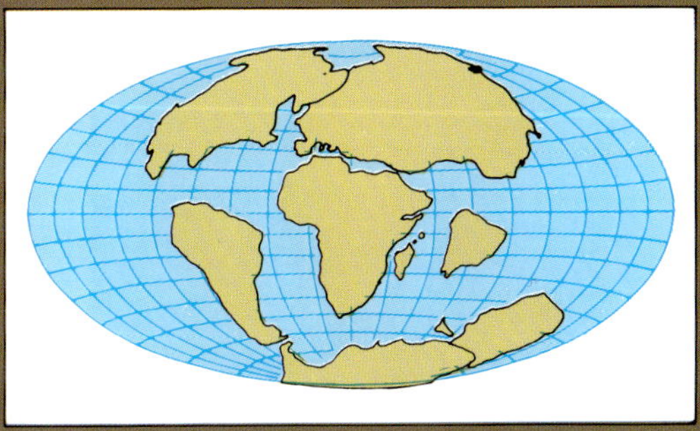

65 Millionen Jahren (Ende der Kreidezeit)

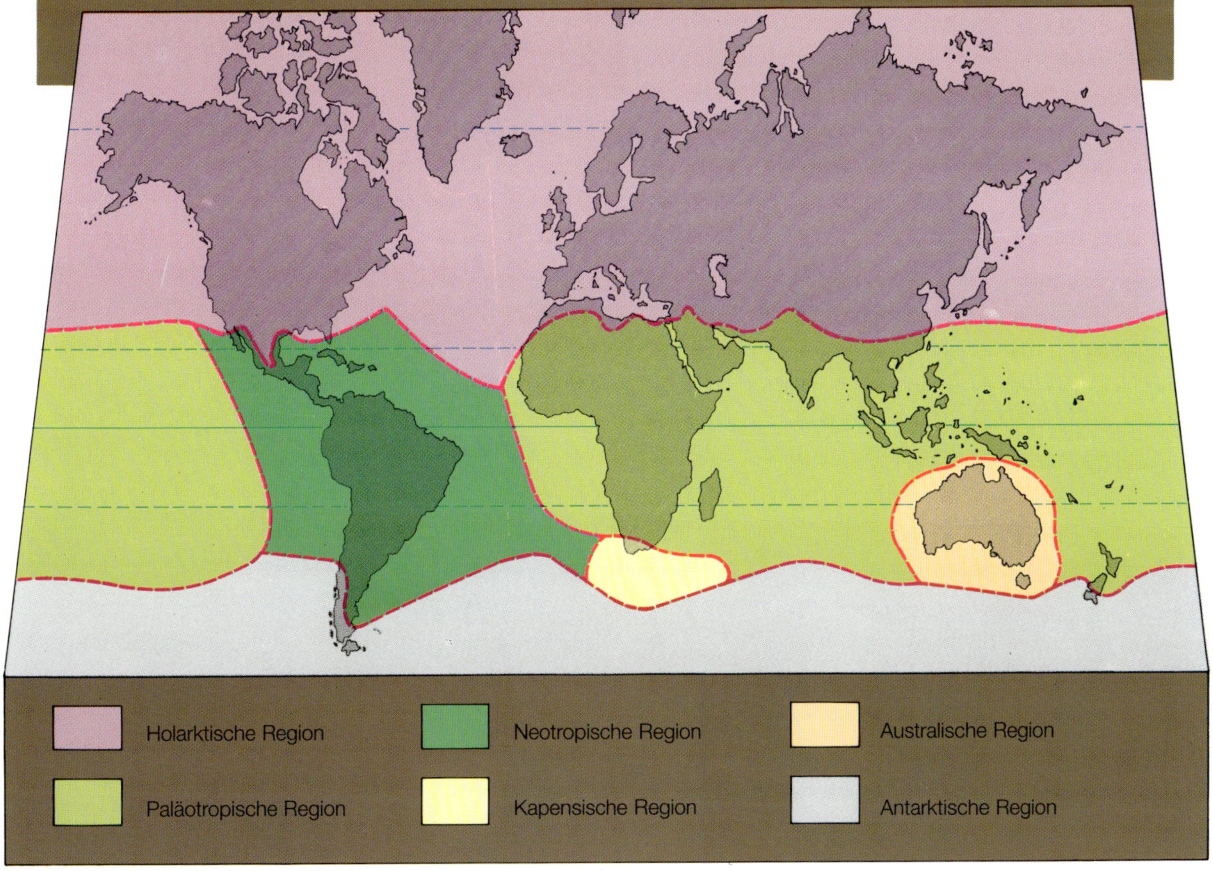

Pflanzenfamilien, die in gemäßigten Zonen durch krautige Pflanzen vertreten sind, in den Tropen als Bäume oder Sträucher auf. Dieser Gegensatz zwischen krautigen und verholzten Pflanzen wurde bisher unterschiedlich gedeutet. Die gängigste Erklärung besagt, daß baumartige Gewächse primitiver als krautartige Gewächse seien. Paläontologische Daten lassen anscheinend darauf schließen, daß die Vorläufer der Bedecktsamer Bäume waren. Kräuter seien als Form der Anpassung an besonders harte Lebensbedingungen aufgetreten: In alpinen und arktischen Klimazonen sind ausschließlich Krautgewächse vorherrschend. In trockenen Regionen fällt die große Anzahl einjähriger Kräuter auf. Auf felsigen Böden, Gestein und sandigem Untergrund ist die Vorherrschaft der Krautgewächse in gleicher Weise auffällig.

Ganz allgemein ist die Flora Südamerikas erheblich reichhaltiger als die Afrikas. In Südamerika gibt es eine sehr hohe Anzahl endemischer, d. h. nur dort vorkommender Pflanzenfamilien. Im Verlauf der Erdgeschichte war Südamerika, ähnlich wie Australien, lange isoliert, wohingegen Afrika ständig direkt an die Holarktis angebunden war. Außerdem war Afrika großen Klimaveränderungen ausgesetzt, die sich in Südamerika nicht abgespielt oder weniger stark ausgewirkt haben.

Die antarktische Region umfaßt die südwestlichen Randgebiete Südamerikas, einen Teil von Neuseeland, die subantarktischen Inseln und die Antarktis selbst. Der typischste Vertreter der dort beheimateten Flora ist die Gattung Nothophagus (Südbuche), zumal sie nicht nur in dieser Region auftritt, sondern sich auch auf Ostaustralien und Neuginea erstreckt.

Die australische Region umfaßt den gleichnamigen Kontinent und zeichnet sich durch sehr intensives Vorkommen endemischer Arten aus: mehr als 8.000 von ungefähr 10.000 Arten. Dies beweist, wie lange diese Region isoliert war. Erwähnenswert ist die ungewöhnliche Artenvielfalt der Gattung Eukalyptus (Myrtengewächse), mit fast 500 unterschiedlichen Arten. Auch gibt es viele Silberbaumgewächse (Proteaceen).

Erstaunlicherweise hat die letztgenannte Pflanzenfamilie auch Vertreter in Afrika und Südamerika. Die größte Artenvielfalt jedoch erreicht sie in Südafrika und Australien. Gattungen typisch australischer Nadelbäume wie die Araukarie (Andentanne) und die Steineibe sind ebenfalls geographisch ungleichmäßig verteilt. In der Antarktis wurden Fossilien der Steineibe und des Nothophagus sowie auch Pollen von Silberbaumgewächsen gefunden. Diese Gemeinsamkeit zwischen der Antarktis, Australien und den südlichen Randgebieten Südamerikas und Afrikas schafft endgültig Gewißheit über eine sehr alte geographische Verbindung zwischen den Gebieten.

Das letzte und kleinste der Florenreich ist das kapensische, das sich auf den äußersten Süden Afrikas beschränkt. Seine begrenzten Ausmaße hindern es nicht, über eine beachtliche Artenvielfalt zu verfügen, vor allem an Myrtengewächsen der Gattung Erika, mit fast 450 Arten, Storchschnabelgewächsen der Gattung Pelargonium, mit fast 230 Arten, Silberbaumgewächsen und, in den trockensten Gebieten, Mittagsblumengewächsen, vor allem der Gattung Mesembrianthemum. Einige Autoren halten diese Region für das Überbleibsel eines sehr alten, trockenen Florenreiches, das zu Beginn des Tertiärs einen großen Teil Afrikas umfaßte. Der Äquatorialdschungel Afrikas ist geschichtlich jünger und hat sich auf einem Boden entwickelt, der eher in einem wüstenähnlichen Klima entstanden ist.

DIE VEGETATION: DER BEGRIFF DER PFLANZENGEMEINSCHAFT

An jedem Punkt der Erdoberfläche bestimmen verschiedene Umweltfaktoren (vor allem Klima und Bodenbeschaffenheit) einen ökologischen Raum, in dem nur eine begrenzte Anzahl der zur jeweiligen Flora gehörigen Arten leben kann. Die physiologischen Eigenschaften einer Pflanze bestimmen je nach Art einen engen oder weniger engen Toleranzrahmen, außerhalb dessen das Überleben der Pflanze unmöglich ist.

Jede Art muß sich der Konkurrenz mit ihrer direkten Nachbarart stellen, sei es, weil sie der gleichen ökologischen Gegebenheiten bedürfen, sei es aufgrund der Umweltveränderungen, die sie hervorruft. Es tritt hier auch ein weiterer Selektionsfaktor auf, der nicht von physikalischen, sondern von biologischen Gegebenheiten abhängig ist. Die Gesamtheit der Arten, die sich aus der Interaktion der Flora mit der physikalischen und biologischen Umwelt ergibt, bildet eine sogenannte Pflanzengemeinschaft, bestimmt durch ihre (qualitative und quantitative) Zusammensetzung und die physikalischen Bedingungen, unter denen sie gedeiht.

Die Vegetation beeinflußt jedoch auch ihrerseits die physikalischen Umweltfaktoren. Die Bodenbeschaffenheit wird vom Klima, dem Muttergestein und der Vegetation, die sich darauf niederläßt, bestimmt.

Boden und Vegetation beeinflussen in geringerem Maße auch das Klima, vor allem in den untersten Luftschichten. Dieses Zusammenspiel von Ursache und Wirkung führt zu einem Gleichgewicht zwischen Vegetation, Klima und Boden. Jede natürliche oder künstlich herbeigeführte Veränderung eines dieser Elemente löst eine Evolution (ökologische Sukzession, d. h. Abfolge verschiedener Pflanzengesellschaften) aus, die im allgemeinen ein neues Gleichgewicht herstellt, das je nach Art des Störfaktors dem ursprünglichen Zustand entspricht oder nicht. Die Wiederherstellung der Taiga nach einem Waldbrand (siehe Seite 50) ist ein hervorragendes Beispiel für ökologische Sukzession. Nicht weniger anschaulich ist die Sukzession, welche die

Durch das
KLIMA
SELEKTION
Durch
BODENEIN-
FLÜSSE
Durch
BIOLOGISCHE
KONKURRENZ

Vermoorung einer Lagune oder eines Sees (siehe Seite 84) begleitet, oder die sich an Stranddünen vollzieht, deren Sand sich festigt und mit organischer Materie angereichert wird.

Die Vegetation, die sich an Orten mit Standardbedingungen entwickelt - ebene oder wenig abschüssige Oberflächen, Böden mit durchschnittlichen Eigenschaften, deren Evolution bis zu einer Anpassung an die klimatischen Bedingungen führen kann -, wird Klimaxvegetation genannt. Als permanente Vegetation hingegen bezeichnet man eine, die sich an Orten mit spezifischen Bedingungen ansiedelt - Felsen, morastige oder steinige Böden, Flußufer, Enklaven, in denen sich Schnee sammelt usw. Die Klimaxvegetation hängt ausschließlich von allgemeinen Klimabedingungen ab, die permanente steht unter dem Einfluß der Bedingungen, die in einer bestimmten Umgebung vorherrschend sind. Deshalb wird in einer geographischen Region mit einheitlichen klimatischen Bedingungen die Klimaxvegetation durch eine oder zwei Pflanzengemeinschaften vertreten. Nur selten sind es mehr. Die Zahl der permanenten Pflanzengemeinschaften hingegen kann oftmals sehr hoch sein.

LEBENSFORMEN DER ARTEN

Eine Pflanzengemeinschaft kann durch eine Bestandsaufnahme der von ihr umfaßten Arten beschrieben werden. Eine solche Beschreibung beinhaltet eine Schätzung, wie häufig sie jeweils auftreten. Diese Methode erweist sich nicht als angemessen, wenn es darum geht, Pflanzengemeinschaften zu vergleichen: zum Beispiel die sommergrünen Laubwälder mit den mediterranen Wäldern oder die Lorbeerwälder Südamerikas mit denen Europas. In einem solchen Fall ist die Bestimmung der Arten weniger wichtig als die Zuordnung der Funktionen, die sie innerhalb der Pflanzengemeinschaft erfüllen. Um einmal ein Bild aus der Architektur zu verwenden, kann man sagen, daß die Arten das Baumaterial darstellen, aus denen die Pflanzengemeinschaft aufgebaut ist. Ein gleicher Typ Pflanzengemeinschaft kann durchaus aus verschiedenen Arten bestehen. Genauso werden bei der Errichtung eines Gebäudes unterschiedliche Materialien benötigt (Tragebalken, Zement, Sand, Ziegel, usw.), von denen jedes eine spezifische Funktion zu erfüllen hat. So erfüllen auch in der Struktur einer Pflanzengemeinschaft die *verschiedenen Arten* oder *Gruppen von Arten* besondere Funktionen.

Zur begrifflichen Klärung läßt sich sagen, daß mit Lebensform die Funktion gemeint ist, die eine Art innerhalb einer Pflanzengemeinschaft erfüllt.

In der Pflanzenwelt findet das System der Lebensformen von Raunkiaer Verwendung, das als Grundlage die Lage der Erneuerungsknospen während der ungünstigen Jahreszeit nimmt. Dieses System unterscheidet folgende Lebensformen:

Therophyten: Sie bilden keine Erneuerungsknospen, denn nach dem Aufblühen und der Befruchtung stirbt die Pflanze. Einzig der Samen dient als Erneuerungsorgan. Dies sind Pflanzen mit einjähriger Lebenszeit.

Hydrophyten und Helophyten: Wasserpflanzen, deren Erneuerungsknospen sich im Wasser (Hydrophyten) oder in einem mit Wasser durchtränkten Boden (Helophyten) befinden.

Geophyten und Kryptophyten: Pflanzen, deren Erneuerungsorgane sich unter der Erde befinden, in einer je nach Pflanzenart unterschiedlichen Tiefe. Zu diesem Typ zählen Pflanzen mit Knollen, Wurzelstöcken oder Zwiebeln.

Hemikryptophyten: Pflanzen, deren Erneuerungsorgane sich auf Bodenhöhe befinden, geschützt durch dürres Laubwerk und Pflanzenreste. Typische Vertreter dieser Kategorie sind Rosettenpflanzen.

Chamäphyten: Pflanzen mit einer holzartigen, widerstandsfähigen Basis, deren Erneuerungsorgane sich höchstens 30cm über dem Boden befinden. Hierunter fallen zwergwüchsige und polsterförmige Sträucher.

Phanerophyten: Pflanzen, deren Erneuerungsknospen sich höher als 30cm über dem Boden befinden. Dies sind Bäume und Sträucher. Innerhalb dieser Kategorie wird, je nach Höhe der Pflanzen, zwischen verschiedenen Subtypen unterschieden: Nano-, Mikro-, Meso- und Megaphanerophyten.

Epiphyten: Pflanzen, die auf der Oberfläche anderer Pflanzen leben, ohne sich von ihnen zu ernähren.

Klassifiziert man die Arten einer Flora oder einer Pflanzengemeinschaft nach ihren Lebensformen und drückt das Ergebnis prozentual zur Gesamtheit aller Arten aus, so erhält man ein *Lebensformenspektrum.* Nach Raunkiaers Definition der Lebensformen spiegelt das Spektrum in erster Linie den Einfluß der für die Pflanzen relevanten klimatischen Faktoren wider.

Deshalb erweisen sich Spektren als nützlich, um die Floren und Pflanzengemeinschaften verschiedener geographischer Gebiete zu vergleichen.

BIOME

Ein *Biom* ist eine Gesamtheit von Pflanzengemeinschaften, die sich durch gleichartige Lebensformen auszeichnen und diese auch in ähnlichen Anteilen miteinander kombinieren, d. h. über ein gemeinsames biologisches Spektrum verfügen. So umfaßt ein Biom alle Pflanzengemeinschaften, die, unabhängig von der Zusammensetzung der Arten, über eine gemeinsame Physiognomie verfügen. Sind in ihr vorherrschend Bäume vertreten, so sprechen wir von einem Wald. Gibt es in ihr in erster Linie Sträucher, so bezeichnen wir sie als Busch. Wenn die Bäume ein landschaftlich offenes Bild abgeben und zwischen ihnen Kräuter vorherrschen, so bezeichnen wir die Formation als Savanne oder Weide. Bestimmen

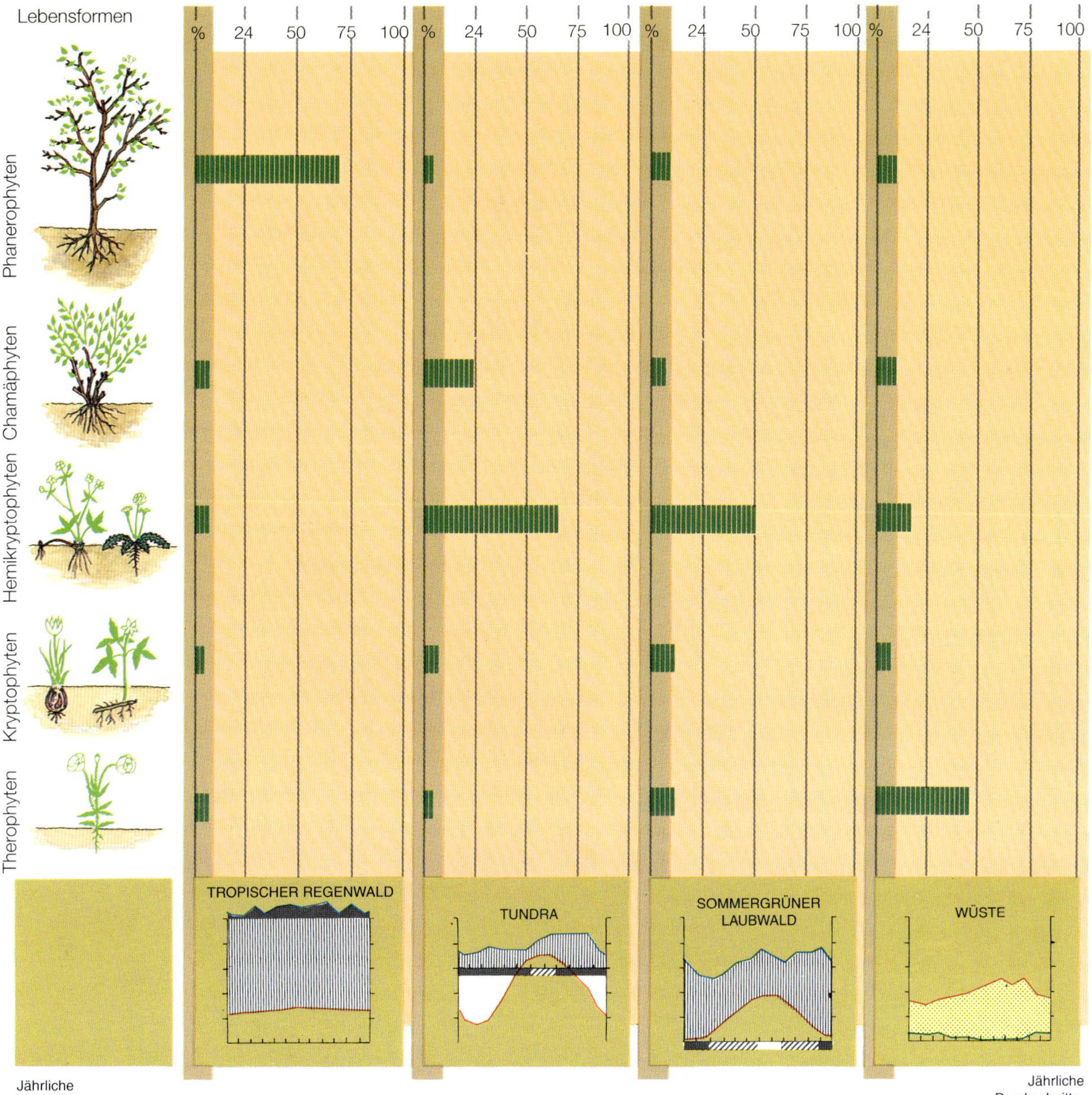
Lebensformen
Phanerophyten
Chamäphyten
Hemikryptophyten
Kryptophyten
Therophyten
% 24 50 75 100
TROPISCHER REGENWALD
TUNDRA
SOMMERGRÜNER LAUBWALD
WÜSTE

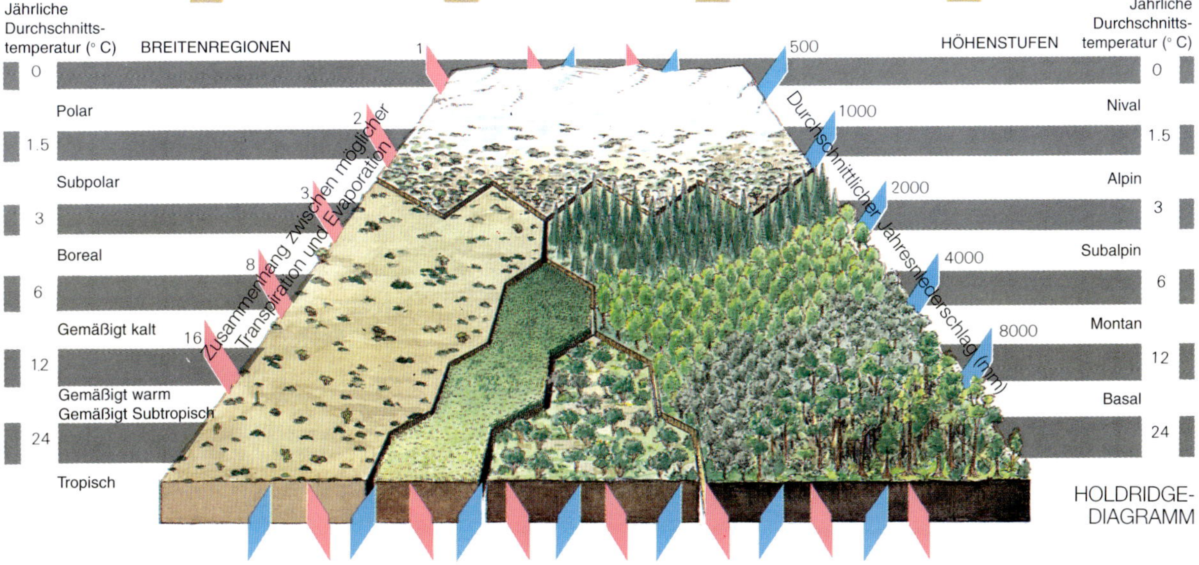
Jährliche Durchschnitts-temperatur (° C)
BREITENREGIONEN
0
Polar
1.5
Subpolar
3
Boreal
6
Gemäßigt kalt
12
Gemäßigt warm
Gemäßigt Subtropisch
24
Tropisch
1
2
3
8
16
Zusammenhang zwischen möglicher Transpiration und Evaporation
500
1000
2000
4000
8000
Durchschnittlicher Jahresniederschlag (mm)
HÖHENSTUFEN
Jährliche Durchschnitts-temperatur (° C)
Nival
Alpin
Subalpin
Montan
Basal
HOLDRIDGE-DIAGRAMM

ausschließlich die Kräuter das landschaftliche Bild, so haben wir es mit einer Wiese oder einer Steppe zu tun. Die verschiedenen Systeme der Klassifizierung lassen zahlreiche Unterteilungen zu. Die wichtigsten werden im folgenden genannt:

A. *Wälder*

1. Tropische Regenwälder mit ganzjährigen, starken Regenfällen. Kronendach mit drei Baumstockwerken, immergrüne Blätter mit Tröpflern, nicht gesondert geschützte Knospen.

2. Teilweise laubawerfende Tropenwälder mit einem hohen Anteil an Arten, die ihr Laub während der relativen Trockenperiode abwerfen. Kronendach mit zwei Baumstockwerken. Geschützte Knospen.

3. Laubabwerfende subtropische Wälder in warmen Klimazonen oder Tropenwälder mit Zenitregen und einer anhaltenden Trockenperiode. Sie weisen ein oder zwei Baumstockwerke auf, die in der trockenen Jahreszeit ihr Laub verlieren.

4. Gemäßigte Feuchtwälder mit immergrünem Laub in gemäßigten Klimazonen mit auf das ganze Jahr verteilten Niederschlägen.

5. Mangrovensümpfe oder am Meeresufer gelegene Wälder, die im Gezeitenrhythmus von Salzwasser überflutet werden. Typisch für tropische Regionen.

6. Hartlaubwälder mit immergrünen Blättern in Klimagebieten mit winterlichen Regenfällen (mediterranes Klima). Kleines, derbes Blattwerk, häufig von Flaumhaar überzogen.

7. Sommergrüne Laubwälder, die ihr Laub während der kalten Jahreszeit verlieren. Typisch für gemäßigte Klimazonen.

8. Nadelwälder mit Nadelhölzern mit immergrünen Blättern in gemäßigten und subpolaren Klimazonen.

B. *Savannen und Weiden*

Es wird zwischen drei Ausprägungsformen unterschieden, je nachdem, ob die Bäume immergrün bleiben oder ihr Laub entweder im Sommer oder im Winter verlieren.

C. *Gebüschformationenen*

1. Gebüsche mit immergrünen Blättern: Macchie, Garrigue, Chaparral.

2. Heiden mit Sträuchern, deren Laub heidekrautartig ist, in ozeanischen Klimazonen, frisch und feucht.

3. Strauchsteppen, bestehend aus niedrigen, weit auseinander stehenden Sträuchern, zwischen denen großräumige Flächen kahl bleiben. Typisch für trockene Klimazonen.

4. Strauchtundra mit einer Schicht aus Moos und Flechten, unterbrochen von Sträuchern.

5. Torfmoore mit Zwergsträuchern.

D. *Krautartige Vegetation*

1. Steppen, vorwiegend mit Süßgräsern, zwischen denen mehr oder weniger große Flächen freibleiben.

2. Wiesen mit dichter Krautvegetation von ca. 1m Höhe, mit Winterruhe, in feuchten Klimazonen.

3. Auen in Waldklimazonen, im Hochgebirge oder auf Tiefebenen, ohne ausgeprägte Trockenperiode.

4. Kräuterformationen mit direkt vom Grundwasserspiegel abhängigen Wachstumsbedingungen: Niedermoore, Binsengebüsche, Sümpfe, in denen eine Moorkräutervegetation vorherrschend ist (Röhricht, Liliengewächse, usw.).

5. Weideflächen und Gesellschaften halophiler Pflanzen (in salzhaltigem Boden lebend).

6. Dünenvegetation.

7. Felsvegetation, typisch für Felsspalten und -oberflächen.

Aus der Definition selbst ergibt sich, daß jedes Biom auf bestimmte Klimaverhältnisse abgestimmt ist. Das von Holdridge entwickelte Diagramm veranschaulicht diesen Zusammenhang sehr gut. Holdridge zieht drei klimatische, für die Pflanzen relevante Faktoren in Betracht: Den jährlichen Niederschlag, die Jahresdurchschnittstemperatur und die Relation zwischen Niederschlagsmenge und potentieller Transpiration und Evaporation - der Wert 1 für diese Relation gibt an, daß die Regenwassermenge der potentiellen Transpiration und Evaporation entspricht. Höhere Werte bedeuten, daß der Niederschlag nicht ausreicht, um die besagte Evaporation zu kompensieren. (Die potentielle Transpiration und Evaporation wird als höchstmöglicher Wasserverlust unter bestimmten Vegetations- und Klimabedingungen definiert. Dabei geht man davon aus, daß der Boden mit all dem Wasser, das die Pflanzen konsumieren können, versorgt wird.) Bringt man die jährliche Durchschnittstemperatur mit der geographischen Breite und der Höhenstufe in Verbindung, so ermöglicht dieses Diagramm eine Voraussage über die an einem bestimmten Punkt der Erde möglicherweise zu erwartende Landschaft. Dabei darf man jedoch nicht vergessen, daß bei der Bestimmung des Klimas andere Faktoren, die im Diagramm nicht berücksichtigt werden, eine Rolle spielen. Zum Beispiel die Ozeannähe, die Meeresströmungen, die Existenz von Gebirgsketten, usw.

KLIMA UND KLIMAREGIONEN DER ERDE

Die Erde, mit den sie umgebenden flüssigen und gasförmigen Hüllen - der Hydrosphäre und der Atmosphäre - verhält sich wie eine gigantische Maschine, die von der Energie betrieben wird, die sie von der Sonne erhält. Der generelle Kreislauf der Atmosphäre bewirkt die Verschiedenartigkeit der Klimata, und die Tatsache, daß dieser Kreislauf als antreibende Kraft wirkt, ergibt sich aus der ungleichmäßigen Verteilung der Sonnenenergie über die Gesamtoberfläche des Planeten.

Das zunehmende Abkühlen der Atmosphäre vom Äquator bis zu den Polen ergibt sich daraus, daß die Menge der erhaltenen Sonnenenergie ständig abnimmt. Da die Erde ein Planet ist, der sich

Klimatische Regionen und Biome

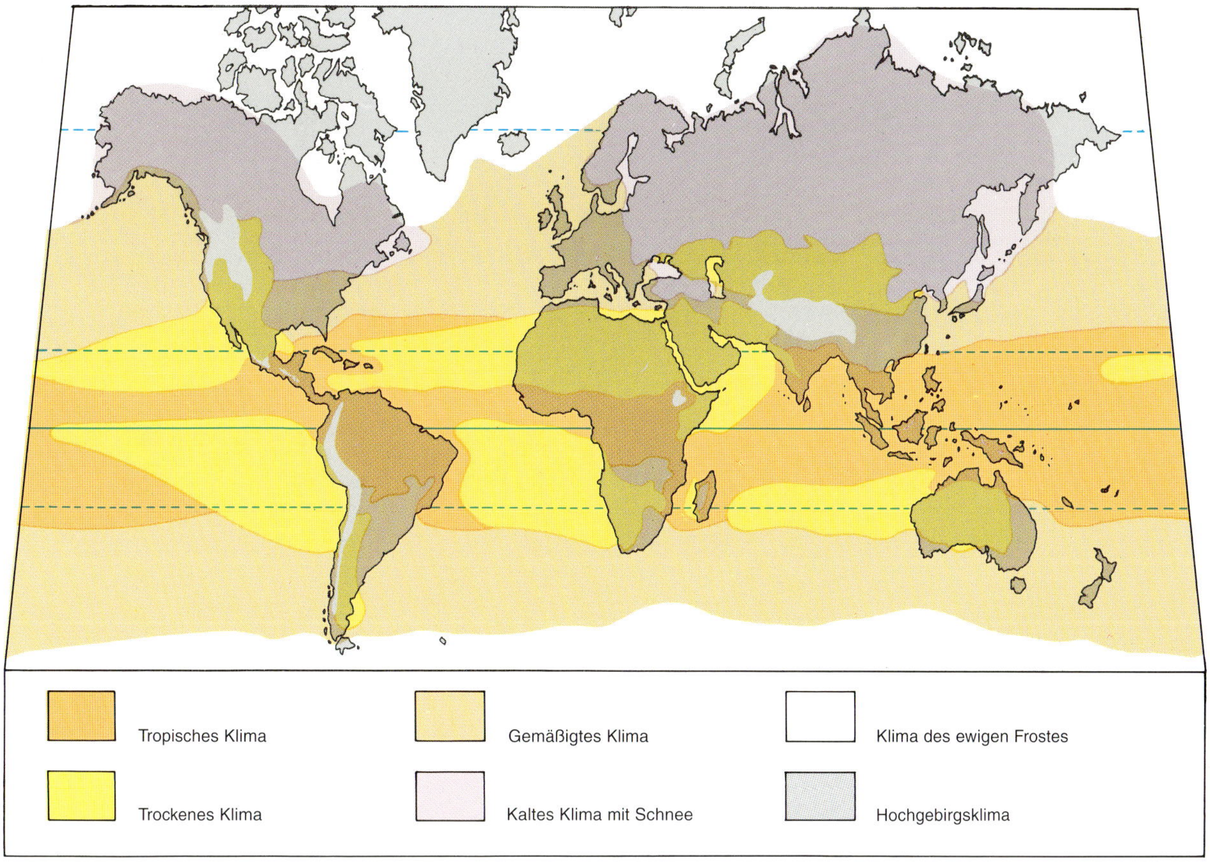

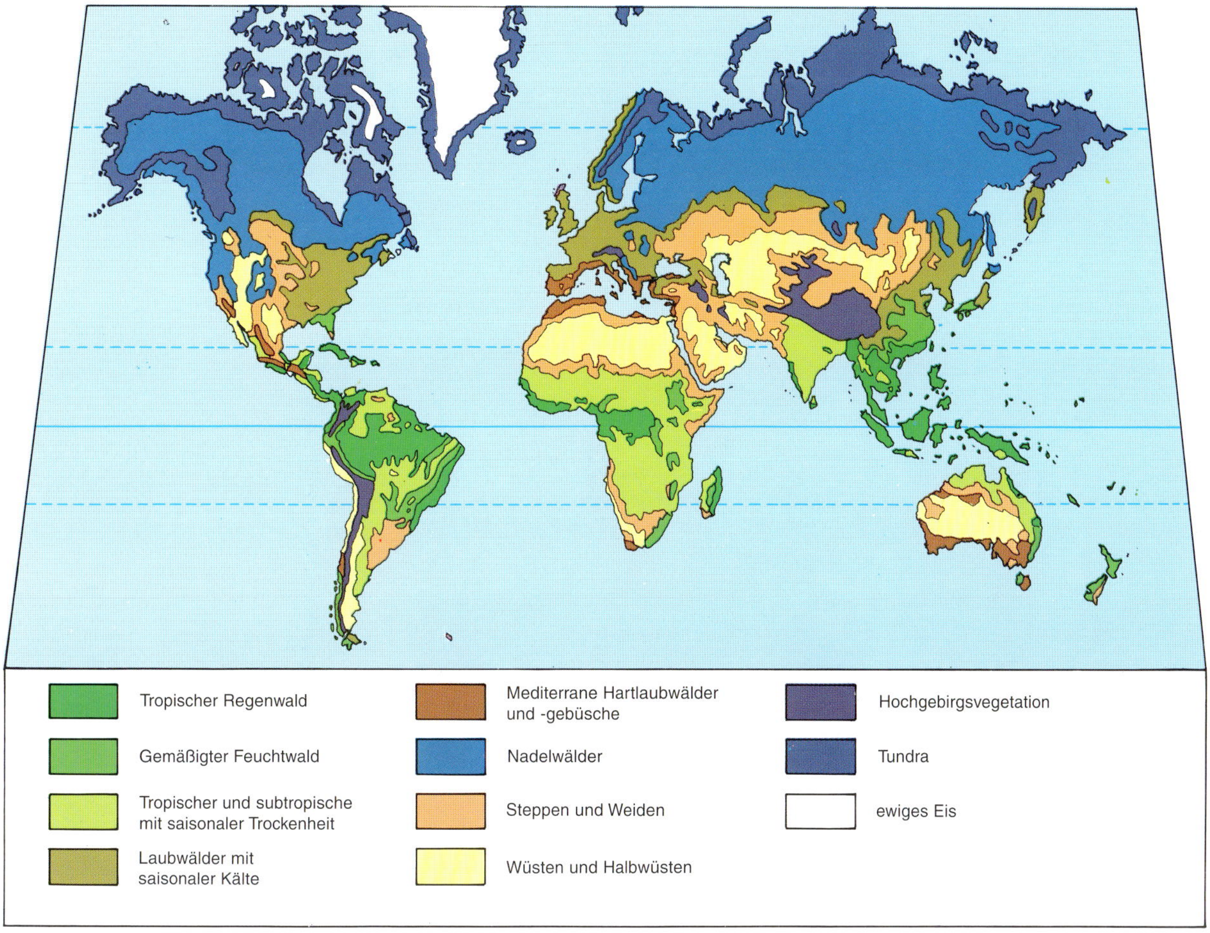

um die Sonne dreht, erhält sie nur an einem Punkt ihrer Oberfläche die Sonnenstrahlen in einem senkrechten Winkel (Verliefe die Rotationsachse der Erde senkrecht zur Ebene ihrer Umlaufbahn - was aber nicht so ist -, würde sich dieser Punkt immer am Äquator befinden). Mit zunehmendem Breitengrad wird der Einfallswinkel der Sonnenstrahlen immer kleiner. Sie decken dann zusehend größere Flächen ab, und folglich verringert sich die Energiemenge pro Einheit der Erdoberfläche. Da außerdem die Rotationsachse der Erde einen konstanten Winkel mit der Ebene ihrer Umlaufbahn bildet, ist die Erwärmung der beiden Erdhalbkugeln nicht gleichmäßig, was die Existenz von Jahreszeiten zur Folge hat. Diese sind umso stärker ausgeprägt, je weiter man sich vom Äquator entfernt.

Die Existenz warmer Luft in niedrigen Breiten und kalter Luft in hohen Breiten erfüllt bereits die Bedingungen für eine Antriebskraft der Atmosphäre. Die warme Luft, von geringer Dichte, neigt dazu, zu hohen Schichten aufzusteigen. Die kalte Luft, schwerer, sinkt ab und nimmt den Platz der warmen Luft ein. Diese Art von Kreislauf wird Konvektion genannt. Eigentlich müßte man von der Ausbildung einer Konvektionszelle für jede Erdhalbkugeln ausgehen, die dann Wärme aus den tropischen Breitengraden zu den Polen befördern würden, doch es sind in Wirklichkeit drei. Diese Vervielfachung der Zellen ist auf den Coriolis-Effekt zurückzuführen, der mit der Erdumdrehung zusammenhängt und sich auf der nördlichen Erdhalbkugel durch eine deutliche Abdriftung nach rechts, auf der südlichen nach links bemerkbar macht - was jedes Objekt und Fluidum beeinflußt, das sich frei auf der Erdoberfläche bewegt, wie auch die Wasser- und Luftmassen.

Dieses immense, äolische Triebwerk wird durch Verdunstung des Wassers der Ozeane und durch Transpiration der Pflanzen mit Feuchtigkeit aufgeladen und verteilt sie über die Oberfläche des Planeten. Die Feuchtigkeit wird in Form von Niederschlag wieder freigesetzt, sobald die niedrigen Temperaturen eine Kondensierung in flüssiger (Regen) oder fester (Schnee) Form bewirken. Auch wenn es stark vereinfacht ist, begründet dieses allgemeine Kreislaufmodell der Atmosphäre, warum es große klimatische Regionen gibt, die jeweils eine ihr typische Vegetation (Biom) aufweisen. Nach der Klassifizierung von Strahler unterscheiden wir fünf große Regionen:

A. *Tropische Klimate*
Durchschnittstemperatur in allen Monaten über 18° C, ohne bemerkenswerte jahreszeitliche Schwankungen. Jährlich starker Durchschnittsniederschlag, höher als die Verdunstung.

B. *Trockene Klimate*
Die Verdunstung liegt höher als der Niederschlag, wodurch es keine ständigen Wasserströme gibt.

C. *Gemäßigte Klimate*
Die Durchschnittstemperatur im kältesten Monat liegt unter 18° C, aber immer noch über -3° C. Es sind Klimate mit klar definierten Wetterbedingungen zu jeder Jahreszeit.

D. *Schneeklimate*
Der kälteste Monat weist eine Durchschnittstemperatur unter -3° C auf. Die Durchschnittstemperatur des wärmsten Monats liegt über 10° C.

C. *Eisklimate*
Die Durchschnittstemperatur des wärmsten Monats liegt unter 10° C.

KLIMADIAGRAMME

Für Pflanzen sind die entscheidenden klimatischen Faktoren die Temperatur und der Niederschlag. Es ließe sich in Erwägung ziehen, das Klima allein anhand dieser beiden Größen zu definieren, jeweils in durchschnittlichen Jahreswerten ausgedrückt. Ebenso wichtig oder noch wichtiger als diese Durchschnittswerte ist für das Pflanzenleben die Art und Weise, wie die beiden Faktoren über den gesamten Jahresverlauf verteilt sind. Deshalb muß den Jahresdurchschnittswerten eine Tafel mit den monatlichen Werten eines jeden hinzugefügt werden. Dieses erweist sich als sehr nützlich, wenn es darum geht, Zahlen zur Verfügung zu haben, um quantitative Untersuchungen durchzuführen. Bemüht man sich jedoch um Beschreibung oder allgemeine Erklärung der Vegetation in Abhängigkeit vom Klima, so erweist sich eine graphische Darstellung als aufschlußreicher.

Außer über Temperatur (c) und jährliche Durchschnittsniederschlagswerte (e) gibt ein Klimadiagramm auch Auskunft über Dauer und Intensität der relativ feuchten Perioden (i), der relativ trockenen (j), sowie auch über die Dauer und Intensität der kalten Winterperiode (k) - Monate mit täglichen Tiefstwerten unter 0° C - und die Frostgefahr in Frühjahr.

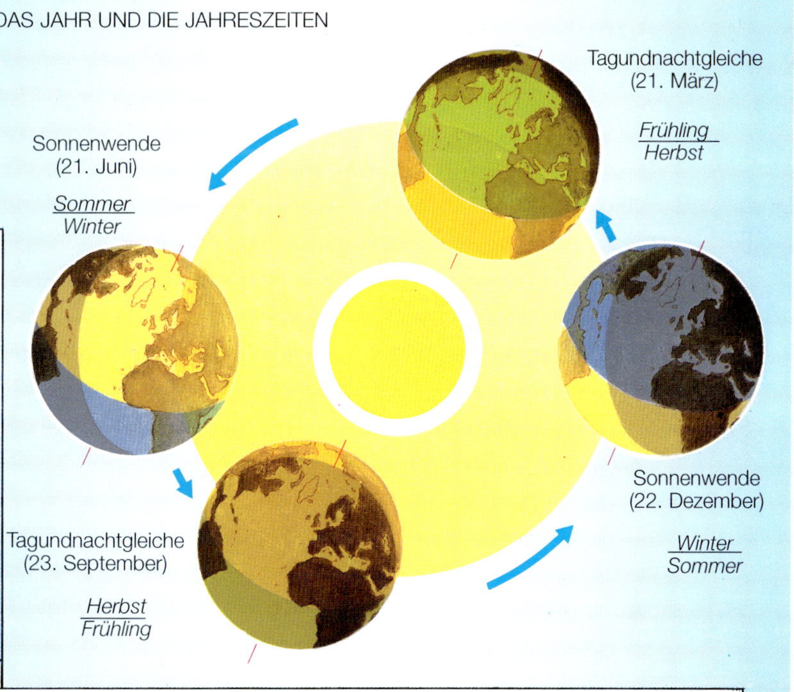

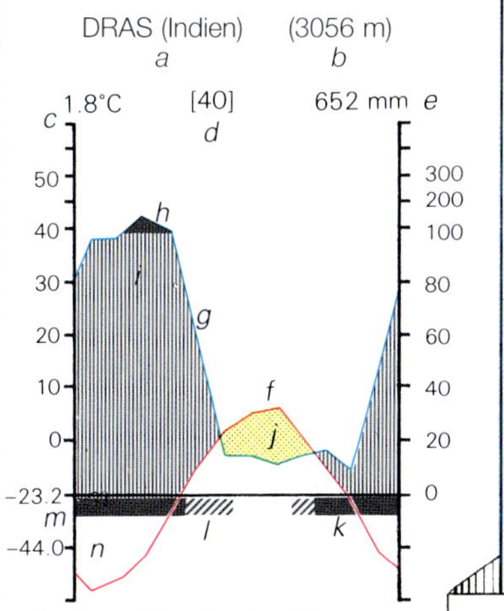

Abszisse: Monate des Jahres

nördliche Erdhalbkugel:
Januar -> Dezember
südliche Erdhalbkugel:
Juli -> Juni

Ordinaten: Temperatur (Intervalle von 10° C) und Niederschlag (Intervalle von 20 mm)

ABLESEN EINES KLIMADIAGRAMMS

a: geographischer Ort
b: Höhe über dem Meeresspiegel
c: jährliche Durchschnittstemperatur
d: Anzahl der Beobachtungsjahre
e: jährlicher Durchschnittsniederschlag
f: monatl. Durchschnittstemperaturkurve
g: monatl. Durchschnittsniederschlagskurve
h: extreme Feuchtigkeitsperiode (über 100 mm pro Monat)
i: Feuchtigkeitsperiode (g liegt über f)
j: Trockenperiode (f liegt über g)
k: Kälteperiode (Monate mit täglichen Durchschnittswerten unter 0° C)
l: Frostperiode (Monate mit absoluten Tiefstwerten unter 0° C)
m: mittleres tägliches Temperaturminimum des kältesten Monats (° C)
n: beobachtetes absolutes Temperaturminimum (° C)

Der tropische Regenwald

DAS KLIMA DER ÄQUATORIALZONE

In nächster Nähe zum Äquator, zwischen fünf Grad nördlicher und südlicher Breite, ist das Klima warm und feucht, auf außergewöhnlich einheitliche Art und Weise. Die Unterschiede in der Tagesdauer liegen nicht über einer Stunde pro Jahr. Die jährliche Durchschnittstemperatur ist hoch (25-27° C) und die Temperaturschwankungen im Laufe eines Tages sind beachtlicher als die Änderung der täglichen Durchschnittswerte im gesamten Jahr. Die Niederschlagsmenge, ebenfalls sehr hoch (2000-4000 mm), ist in etwa gleichmäßig über das gesamte Jahr verteilt. In meteorologischer Hinsicht können die Tage sich so sehr ähneln, daß an einigen außergewöhnlichen Orten, wie der Insel Espírito Santo im Pazifik, die Eingeborenen ihr Lebensalter nicht in Jahren zählen. Dennoch ist der Normalfall, daß die klimatischen Bedingungen eher jahreszeitenabhängig sind: Vom 3. Breitengrad an lassen sich im Verlauf des Jahres zwei feuchte, kühlere und zwei trockene, relativ wärmere (siehe S. 20) Jahreszeiten feststellen. Aber aufgepaßt: Ein Monat mit unter 100 mm Niederschlag wird schon als »trocken« eingestuft.

In einem solchen Klima besteht die Klimaxvegetation aus dem tropischen Regenwald: ein wasserliebender Wald mit immergrünem Laub, hohen Bäumen (zumeist mehr als 30 m), schattig, ausgesprochen reich an Lianen und verholzten und krautigen Epiphyten.

PHYSIOGNOMIE UND STRUKTUR DES REGENWALDES

Eines der ausgeprägtesten Merkmale des tropischen Regenwalds ist die alles bestimmende Vorherrschaft des biologischen Typs der Phanerophyten, vertreten durch Holzpflanzen, die den Wuchs und die Dimensionen eines Baums haben. Krautige Pflanzen folgen an zweiter Stelle. Selbst Pflanzenfamilien, die in gemäßigten Regionen durch Kräuter von geringem Ausmaß vertreten sind, erreichen in den Tropen die Größe und Verholzungsgrad eines Baums.

Diese Wälder weisen eine Stockwerk- oder Schichtstruktur auf, die nicht immer klar zu definieren ist. Üblicherweise werden drei Baumschichten unterschieden (A, B und C, in der Anordnung ihrer abnehmenden Größe), mit den jeweils dazugehörigen Sträuchern und Kräutern. Die jeweilige Höhe ist je nach Gebiet verschieden, auch wenn die Abweichungen nur geringfügig sind: 30-40 m für die Pflanzenschicht A, 15-25m für die Pflanzenschicht B und 10-15m für die Pflanzenschicht C. Der Grad der Dichte einer jeden Pflanzenschicht kann auch sehr unterschiedlich sein: Die A-Schicht verfügt üblicherweise über die meisten Unregelmäßigkeiten und Lichtungen. Die B-Schicht kann gleichmäßig oder auch nur mehr oder weniger stark unterbrochen sein, wohingegen C die dichteste Schicht von allen ist. Jede Ebene weist eine unterschiedliche und ihr eigene Artenzusammensetzung auf, obwohl natürlich die unteren Schichten einen größeren Anteil junger Individuen der höheren Schichten aufnehmen.

Die Physiognomie der Urwaldbäume ist sehr charakteristisch. Die Stämme ragen geradlinig in die Höhe, die Baumrinde ist weich, von hellem Farbton, proportional zur Höhe wesentlich dünner als bei Bäumen gemäßigter Klimazonen, und im Vergleich zu diesen haben sie eine kleinere Baumkrone, und die unteren Äste befinden sich in größerer Höhe, was auf die Konkurrenz mit den unmittelbaren Nachbarn und das schwache Licht im Unterholz zurückzuführen ist. Aufgrund dieses Umstands neigen die Baumkronen der Bäume aus der A-Schicht dazu, die Form eines Regenschirms auszubilden. In der B-Schicht ist die Krone eher abgerundet und in C verläuft sie konisch.

In einer so hohen, dichten und in Schichten unterteilten Waldgesellschaft wie dem Regenwald werden verschiedene Mikroklimate ausgebildet. Das Sonnenlicht fällt senkrecht ein und wird zum Boden hin schwächer. Die Pflanzen der oberen Schichten, die der direkten Einwirkung des Windes und der glühenden Äquatorsonne ausgesetzt sind, müssen ungemilderte Trockenheit ertragen und sich vor zu großen Wasserverlusten schützen. Für Pflanzen, die im Unterholz leben, ist hingegen Schatten der ausschlaggebende Faktor. Sie sind von einer gleichmäßig feucht-warmen Atmosphäre umgeben. Durch Einwirkung eben dieser Wärme und Feuchtigkeit neigen die Böden dazu, unzureichend mit frischer Luft versorgt zu werden und die Wurzeln müssen nicht nur um Wasser und Mineralsalze kämpfen - so wie es auch für die Wälder gemäßigter Klimazonen gilt -, sondern auch um Sauerstoff. Deshalb wundert es nicht, daß die hohen Bäume des Regenwaldes über sehr nahe an der Erdoberfläche gelegene Wurzeln verfügen. Und gerade sie sind es, die ihren Untergrund besonders häufig mit starken Brettwurzeln einsäumen. Solche Strukturen kommen zwar nicht ausschließlich in Regenwäldern vor, aber sind dort am stärksten ausgeprägt. Was ihre Funktion angeht, erweist sich keine der vorgeschlagenen Theorien als vollständig zufriedenstellend. Wie es scheint, können sie als Festigungsstrukturen wirken, ungefähr so wie die Spannschnüre bei einem Zelt. Natürlich verschaffen sie dem Baum auch einen besseren Halt. Dennoch könnte es auch sein, wie einige Forscher geäußert haben, daß nicht etwa ihre Nützlichkeit der Hauptgrund für ihr Auftreten ist.

Die Blätter weisen eine

Tropischer Regenwald

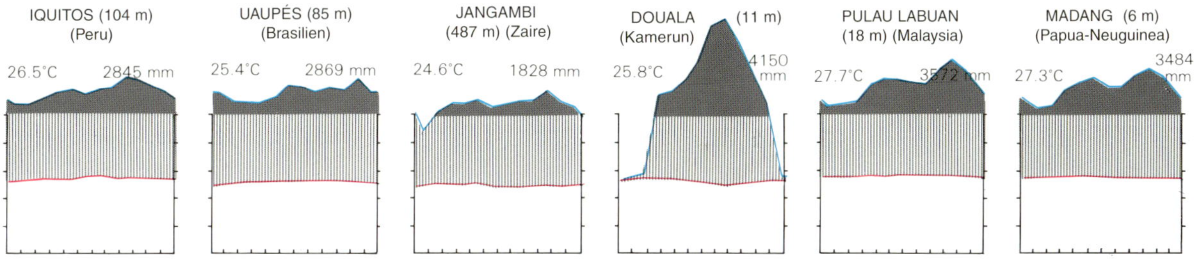

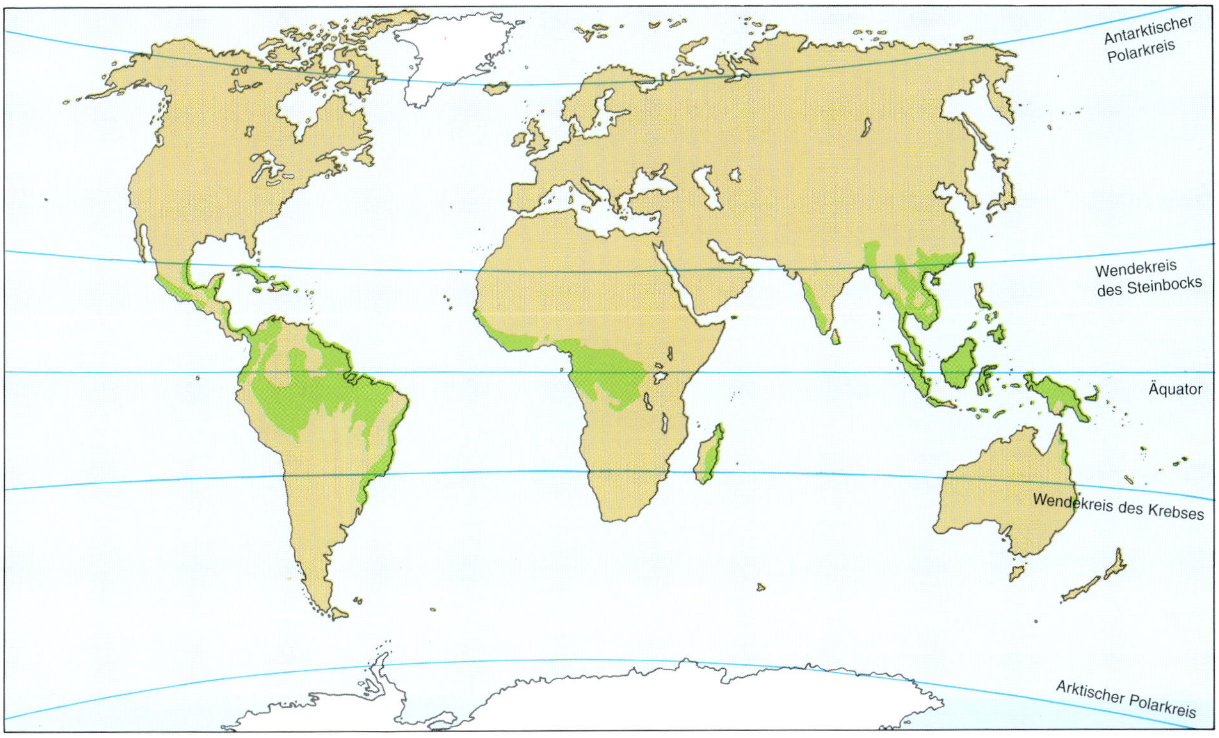

erstaunliche Gleichförmigkeit auf. Die große Mehrheit ist lorbeerartig, von dunkelgrüner Farbe, mit ganzem Rand, auf eine Träufelspitze zulaufend, sehr charakteristisch und typisch für Hartlaubgewächse: lederartiges Gewebe, die Oberfläche schimmernd und glänzend. Und weisen sie doch eine Art Flaum oder Behaarung auf, so beschränkt sich dieser auf die Unterseite. Beim Vergleich der A-Schicht mit der C-Schicht fällt generell auf, daß die Blätter dazu neigen, kleiner und härter zu sein, während zugleich der Umfang der Träufelspitze abnimmt.

Welches ist die funktionelle Bedeutung dieser Träufelspitze? Das ist nicht vollständig geklärt, aber es könnte sein, daß sie zwei Vorteile schaffen, die beide mit dem Ablaufen des Wassers, das die Blätter befeuchtet, zusammenhängen. An erster Stelle ist zu nennen, daß sie dadurch, daß sie verhindern, daß sich ein Wasserfilm auf dem Blatt bildet, vermeiden, daß Licht reflektiert wird und dadurch die Photosynthese reduziert wird. Der zweite Vorteil ist, daß in einem feuchten und wenig windigen Klima wie dem Äquatorialklima die Ansammlung von Wasser auf den Blättern die Transpiration und als Folge davon die Nährstoffaufnahme verringern würde.

Der Regenwald bleibt während des gesamten Jahres konstant grün, aber jede Pflanzenart verfügt über eine ihr eigene Beschaffenheit. Nur sehr wenige, wenn überhaupt eine, erneuern beständig ihr Laub. Üblich ist ein mehr oder weniger rhythmisches Verhalten, und das schlägt sich in der Blatt- und Knospenbildung und im geringeren Maße auch in der Blütenbildung nieder. Während in einem sommergrünen Laubwald alle Bäume derselben Gattung ihr Laub gleichzeitig zu einer ganz bestimmten Zeit im Jahr verlieren, kann hier jeder Baum sein eigenes Verhalten entwickeln, ohne daß ein klarer Bezug zu Umwelteinflüssen herzustellen wäre: Es kann sein, daß ein Baum sein gesamtes Laub verliert, während der Nachbarbaum das seine behält, oder ein dritter nur an einem Teil seiner Äste Blätter trägt. Hinzu kommt, daß die frisch gesprossenen Blätter kein Chlorophyll haben und nicht grün sind. Normalerweise treten sie mit rötlicher oder scharlachroter Färbung auf, seltener gibt es auch Blätter mit amethystähnlicher oder weißer Färbung. Bei den Arten, die periodisch ihr gesamtes Laub erneuern, kann für den ungeschulten Beobachter der Eindruck entstehen, daß der Baum in Blüte steht. Außerdem sieht er während einiger Tage schlaff und kraftlos aus, und seine Blätter hängen herab, als ob sie verwelkt wären. Mit der Zeit und in dem Maße, wie sie nach und nach ergrünen, erhalten sie die charakteristische Straffheit und richten sich auf.

Auf der Suche nach einer Erklärungsmöglichkeit für all diese Besonderheiten kann man nicht unbedingt in Erwägung ziehen, daß es sich hier um Anpassungen der Pflanze an die Umwelt handele. Wahrscheinlich fallen die Blätter ab, weil die Pflanze ihren internen Handlungsrhythmus hat, und nicht etwa weil sie zu verlieren vorteilhaft wäre. Aus dem gleichen Grund könnten Wachstum und Erhärtung der Blätter zeitlich voneinander getrennte Abläufe sein. In einem Klima mit klar definierten Jahreszeiten könnte es von Vorteil sein, den internen Rhythmus einer Pflanze an den der Jahreszeiten anzupassen und zu bewirken, daß die Blätter nur zu einer ganz bestimmten Zeit im Jahr fallen. Vielleicht erweist sich auch die Verzögerung im Erhärtungsprozeß als nachteilig und wird von der natürlichen Selektion »gestraft«, während ein Ablaufen beider Prozesse zur gleichen Zeit von ihr bevorzugt wird.

Die Pflanzen würden keine weiteren Kommentare erforderlich machen, wenn es sich nun nicht so verhielte, daß sie immer an sehr ungewöhnlichen Stellen zu erblühen pflegten: am Baumstamm, an den größten Ästen oder manchmal an kurzen, blattlosen Trieben. Diese Eigenart, mit dem Begriff der Kauliflorie zusammengefaßt, ist unter kleinen und mittelgroßen Bäumen und hohen Sträuchern weit verbreitet.

Wir haben bereits darauf hingewiesen, daß der Baum unter den Pflanzenarten des Regenwalds am stärksten vertreten ist. Erstaunlicherweise streben selbst Büsche danach, den Beschaffenheiten eines Baumes zu entsprechen. Gemeinsam mit einigen nicht verholzten Pflanzen, die man bestenfalls als Kräuter von gigantischer Größe bezeichnen kann, verfügen die meisten der zur Baumschicht gehörenden Pflanzen über einen Hauptstamm und wirken wie Zwergbäume. Einige Pflanzen bilden keine Äste, und die Blätter treten an der Baumspitze, wie eine Baumkrone, gebündelt auf. Diese Bäume in Miniaturausgabe setzen sich im Regenwald so sehr durch, daß ihr Vorhandensein einen deutlichen Unterschied zum Wald gemäßigter Klimazonen ausmacht. Wahrscheinlich hängt diese Besonderheit auch mit dem im Regenwald üblichen Kampf um Licht zusammen, der vor allem deutlich wird, wenn doch einmal aus dem einen oder anderen Grund eine Lichtung im Walddickicht entsteht: Dann beginnt ein wildes Wuchern von Kräutern, Gebüschen, Lianen und Bäumen, die in denkbar kurzer Zeit eine dichte und schier undurchdringliche Vegetation bilden.

Der Boden nimmt nur zwischen 2 und 5% des an die Oberschicht des Waldes herantretenden Lichts auf. Daher herrscht im Wald selbst tiefste Finsternis. Und das wiederum schlägt sich in der Beschaffenheit der aus Kräutern gebildeten Pflanzenschicht nieder: Sie ist immer nur sehr spärlich und häufig unterbrochen und besteht immer nur aus einer ganz kleinen Anzahl von Arten. Anders als die Bäume und Sträucher weisen die Kräuter keine einheitliche Physiognomie auf.

Vielleicht ist als charakteristischste Eigenschaft des Laubs von Regenwäldern zu erwähnen, daß seine Blätter nicht hartlaubig sind. Unter der Voraussetzung, daß es konstantere Temperaturbedingungen und mehr Feuchtigkeit als in den oberen Waldschichten gibt, laufen die Blätter immer oval oder kegelförmig zu, haben einen ganzen Rand und sind dünn und weich. Die Tendenz, breite Blätter auszubilden, ist so weit verbreitet,

Kauliflorie: Kakao (Theobroma cacao)

Weiche, dünne, helle Rinde

Bäume mit geraden Stämmen, mit zunehmender Höhe dünner werdend, kleine Baumkrone, die unteren Äste befinden sich in größerer Höhe

Junge Blätter: weich, schlaff, ohne Chlorophyll

daß selbst Süßgräser und Riedgräser, die auf Weiden oder in Savannen streifen- oder fadenförmige Blätter ausbilden, dieser »Mode« folgen.

LIANEN UND EPIPHYTEN

Im Kampf um einen Platz am Licht haben im tropischen Regenwald die Lianen einen besonderen Erfolg verzeichnen können. Auch wenn sie nicht ausschließlich in dieser Waldart auftreten, entfalten sie sich hier in all ihrer Herrlichkeit. Ihre Stämme sind armdick und erreichen ganz außergewöhnliche Längenmaße. Es gibt eine Palmenart, die Kletterpalme, die eine Höhe von 240 m erreichen kann. Im Normalfall jedoch sind die Palmen nicht höher als 70 Meter.

Der Baumstamm der Lianen ist schwach, und sie stützen sich auf die Bäume, um bis zu den lichtdurchfluteten Waldstockwerken hinaufzuranken. In einer geschlossenen Waldgemeinschaft wie dem Regenwald bietet die Fähigkeit, sich hinaufzuranken offensichtliche Vorteile, da sie es ermöglicht, daß die Pflanze zwischen die Baumkronen gelangen kann, ohne daß sich dabei das Wachstum ihres Stammes deutlich ändern muß. Dadurch kann sie schnell wachsen.

Eine weitere biologische Strategie, sich Zugang zum Licht zu verschaffen, besteht darin, unabhängig vom Boden auf den Stämmen und Zweigen der großen Bäume des Urwalds zu leben. Genau das ist die Strategie der Epiphyten. In einem dichten und geschlossenen Wald ist der Lebensraum der Epiphyten der einzig mögliche für Pflanzen, die von kleiner Größe sind und dabei relativ hohe Lichtansprüche stellen. Die Epiphyten betreiben wie die Lianen Photosynthese und erzeugen eigene organische Materie, weshalb sie keine Parasiten sind.

Außer Algen, Flechten und Moosen umfaßt die zu den Epiphyten zählende Flora auch Farne und Blütenpflanzen, die unter den Epiphyten in den Wäldern gemäßigter Zonen nicht vertreten sind. Der Lebensraum (Habitat) dieser biologischen Gruppe ist ausgesprochen karg. Sie geben sich mit einem nahezu nicht vorhandenen Mutterboden zufrieden, auf dem sie außerdem sehr hohen Verdunstungsraten ausgesetzt sind, welche die Bedingungen für eine extreme Dürre erzeugen. In einem solchen Umfeld überleben nur Pflanzen, die in der Lage sind, in sehr kurzer Zeit Wasser, sofern es vorhanden ist, zu absorbieren und die es nicht allzu schnell wieder verlieren, sobald Wassermangel eintritt. Es ist bereits gesagt worden, daß das seltene Vorkommen von Epiphyten in Wäldern gemäßigter Klimaregionen eigentlich nicht mit den niedrigen Temperaturen zusammenhängt, sondern mit der langanhaltenden »Trockenheit«, die durch Frost während des Winters bedingt ist. Als Vertreter der Epiphyten überleben in einem solchen Klima nur einige niedere Pflanzen mit einem relativ niedrigen Bedarf an Wasser und einer sehr hohen Fähigkeit, nach Austrocknung wiederaufzuleben.

Die unmittelbare Antwort auf diese Bedingungen extremer Trockenheit, die vor allem für die auf den oberen Zweigen der höchsten Bäume lebenden Pflanzen bedrohlich sein können, ist die Ausbildung lederig-derber Blätter. Sollte dies nicht ausreichen, greifen die Pflanzen auf noch ausgefallenere Möglichkeiten der Nährboden- und Wasserversorgung zurück. Farnnester zum Beispiel bilden ein dichtes Wirrwarr von Wurzeln, zwischen denen die Ameisen nisten und nach und nach Humus ansammeln. Die an der Luft befindlichen Wurzeln der Orchideen verfügen über ein spezielles Gewebe, das Velamen, das nach Platzregen Wasser aufsaugt und sich in trockenen Zeiten mit Luft aufbläht und isolierend wirkt. Ein ähnliches Beispiel wären da die Regenwasserzisternen, die von den Blättern der Bromelien gebildet werden, einer ausschließlich in Südamerika vorkommenden Familie von Epiphyten, die sich biologisch gesehen sehr gut durchgesetzt hat. In dem aus den Blättern der Zisternenpflanze gebildeten Trichter sammeln sich Humus, Insekten, die ins Wasser fallen, und die Überreste von Tieren, die in der Zisterne leben. All diese Elemente tragen zur Ernährung der Pflanze bei. Sie absorbiert die Nährstoffe über Haare, die die Zisterne bedecken. Dieses System ist so effizient, daß die Wurzeln der Bromelie nur noch als Haftorgane fungieren.

DER NÄHRSTOFFZYKLUS IM REGENWALD

In Klimaten mit höherem Niederschlag schwemmen die den Boden durchquerenden Wassermengen lösliche Mineralstoffe aus, was dann zu einer Verringerung der Bodenqualität führt. Da bildet das Äquatorialklima keine Ausnahme: Um in abgeholzten Regenwaldgebieten anzubauen, ist es erforderlich, nach einigen wenigen Ernten die Äcker während langer Perioden brach liegen zu lassen. Es ist und bleibt paradox, daß sich auf so nährstoffarmen Böden wie denen des Regenwaldes die reichhaltigste Vegetation der Erde ausbildet.

Die Mineralnährstoffe entstehen zum Teil bei Verwitterung des Muttergesteins und vor allem beim Zerfall der sich an den oberen Bodenschichten in Form von Humus ansammelnden organischen Materie. Unter Einwirkung der äquatorialen Feuchtigkeits- und Temperaturbedingungen verwandelt sich dieser Humus sehr schnell in anorganische Materie (Mineralisierung). Die freigesetzten Nährstoffe werden sofort von den Pflanzen absorbiert, da ihre Wurzeln sich immer so nahe als möglich an der Erdoberfläche befinden. So kann das »Auswaschen« der Böden durch Regen verhindert werden. Auf diese Weise kann ein fast geschlossener Kreislauf der Materie aufrechterhalten werden. Deshalb leuchtet auch ein, warum die Böden des Regenwaldes landwirtschaftlich nur schwer urbar gemacht werden können: Durch das Wegfallen der Baumdecke verschwindet auch das »Nährstoffkapital« im Ökosystem, das sich nämlich nicht im Boden, sondern im Holz der Bäume befindet.

BROMELIEN
Rhypsalis
(epiphytischer Kaktus)
Geweihfarn
Oncidium (Orchideenart)
Utricularia

Die tropischen und subtropischen regengrünen Laubwälder

DAS KLIMA DER TROPISCHEN ZONE

Zwischen der feuchten Äquatorialklimazone (5° nördliche Breite - 5° südliche Breite), die mit der intertropischen Konvergenzzone der Passatwinde verbunden ist, und dem trockenen Wüstenklima, für das subtropische kontinentale Hochdruckgebiete typisch sind (zwischen 15 und 35° nördlicher und südlicher Breite), erstreckt sich eine Region, deren Klima ganz widersprüchliche Eigenschaften miteinander vereint: Zu Niederschlägen kommt es hauptsächlich in der Jahreszeit, in der die Sonne im Zenit steht, worauf sogleich wieder eine Trockenperiode folgt.

Die Passatwinde, die zwar aufgrund ihrer Herkunft aus den ozeanischen Hochdruckgebieten einen hohen Feuchtigkeitsgehalt haben, sind sehr beständig und erzeugen keinen Regen, sofern nicht irgendeine Kraft oder ein geographisches Hindernis auf sie einwirkt und dazu treibt, sich zu erheben, was Abkühlung und Kondensation zur Folge hat. In der Tropenregion sorgt für diese Auftriebskraft (niedrige Druckverhältnisse in der Atmosphäre) die starke Sonneneinwirkung. Man versteht, warum der Regen vom Zenit her kommt, denn wenn die Sonne im Zenit steht, ist der Einfallswinkel der Sonnenstrahlen von maximaler Größe (90°) und bewirkt deshalb auch eine maximale Erwärmung. Ändert die Sonne im Verlauf der Jahreszeiten ihre Stellung am Himmelszelt, so führt dies an verschiedenen geographischen Orten zu niedrigen Druckverhältnissen und somit auch zu Regenfällen. Am Äquator und den angrenzenden Gebieten durchquert die Sonne den Zenit zweimal pro Jahr, während der Tagundnachtgleiche, und folglich gibt es zwei Trocken- und zwei Regenperioden. Im Bereich der Wendekreise dagegen steht die Sonne nur einmal pro Jahr im Zenit, während der Sonnenwende im Juni oder im Dezember, je nach Erdhalbkugel, und es gibt nur eine einzige Regenperiode. In dem Maße, wie der Niederschlag sich mit größeren Schwankungen über das gesamte Jahr verteilt, verringert sich die jährliche Durchschnittsregenmenge.

Gleichzeitig wird auch die Temperaturverteilung, die in Äquatornähe sehr gleichmäßig ist, immer stärker von den Jahreszeiten abhängig, gerade so wie es in höheren Breitengraden zu erwarten ist.

Im Rahmen dieses weitgefaßten Klimabegriffs kann man nicht von einem Typ charakteristischer Vegetation sprechen. Mit fortschreitender Ausweitung der Trockenperiode und zunehmender Niederschlagsabnahme macht der Regenwald den laubabwerfenden Wäldern Platz, was in diesem Fall eine Anpassung an die Trockenheit bedeutet. Genau an der Grenze bilden je nach Bodenbeschaffenheit Buschsteppen oder Grassavannen den Vorhof der Wüste.

VOM REGENWALD ZU DEN LAUBABWERFENDEN TROPENWÄLDERN

Ist von den Übergängen zwischen den feuchten, immergrünen Wäldern zu den laubabwerfenden Trockenwäldern die Rede, kommt man nicht umhin, das Beispiel Kolumbiens und Venezuelas innerhalb des geographischen Gebiets Südamerikas anzuführen. Das Klima weist eine mustergültige Abstufung auf: von warm und trocken an der karibischen Küste, vor allem in den Gebieten der Halbinsel Guajira und des Golfs von Venezuela, die jährlich allgemein weniger als 300 mm sehr ungleichmäßig verteilten Niederschlag erhalten, bis zu sehr warmen und extrem feuchten Klimagebieten ohne klar zu definierende Trockenheitsperiode, an der kolumbianischen Pazifikküste oder im Hochgebiet des Orinokos.

Eng im Zusammenhang zum Klima weist die Vegetation sehr regelmäßige Änderungen in ihrer Struktur und Physiognomie auf. In der Reihenfolge tropischer, immergrüner Regenwald ➔ tropischer, immergrüner Urwald mit jahreszeitlich bedingten Regenfällen ➔ halblaubabwerfender Tropenwald ➔ laubabwerfender Tropenwald - ➔ Dorngebüsch ➔ Kakteenwälder nimmt der Niederschlag ab und ist immer größeren Schwankungen unterworfen.

Zwischen dem immergrünen Tropenwald mit jahreszeitlichen Regenfällen und dem Regenwald gibt es kaum Unterschiede. Ersterer ist etwas niedriger und weniger üppig als letzterer. Obwohl der Wald im allgemeinen immergrün ist, können einige Bäume der höheren Baumschicht tage- oder wochenlang unbelaubt bleiben, was dann zeitlich mit den verhältnismäßig trockeneren Monaten übereinstimmt. Tatsächlich werden unter »Regenwald« beide Waldarten zusammengefaßt (siehe S. 14).

Deutliche Unterschiede gibt es hingegen bei den halblaubabwerfenden und laubabwerfenden Regenwäldern. Die Anzahl der Baumstockwerke verringert sich auf zwei, und die Bäume nehmen an Größe und Durchmesser ab. Die Brettwurzeln, die für den Regenwald so typisch sind, werden immer seltener und verschwinden schließlich ganz. Die Lianen sind in halblaubabwerfenden Wäldern noch immer recht gut vertreten, aber schon in den laubabwerfenden nur noch selten vorzufinden. Ebenso verhält es sich mit den Epiphyten, die im zuletzt genannten Waldtyp selten oder gar nicht vorkommen.

Im halblaubabwerfenden Wald gibt es im oberen Baumstockwerk regenrüne Laubbaumarten , die einem Anteil zwischen 25 und 40% der Gesamtbaummenge ausmachen. Die übrigen sind immergrüne Bäume, auch wenn sie ihr Laub verlieren können.

Tropische und subtropische regengrüne Laubwälder

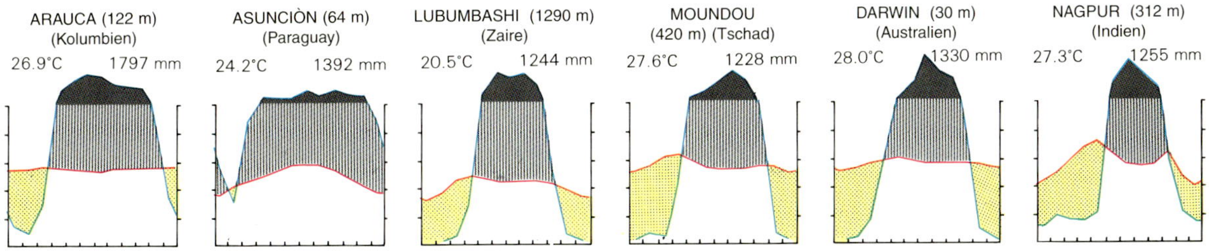

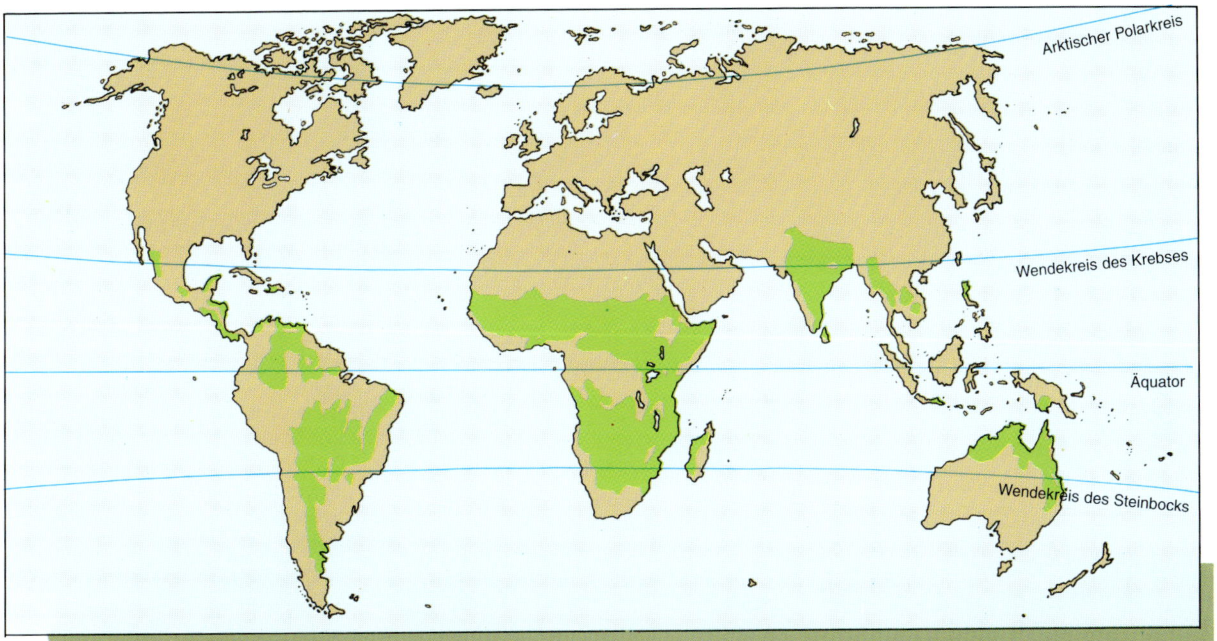

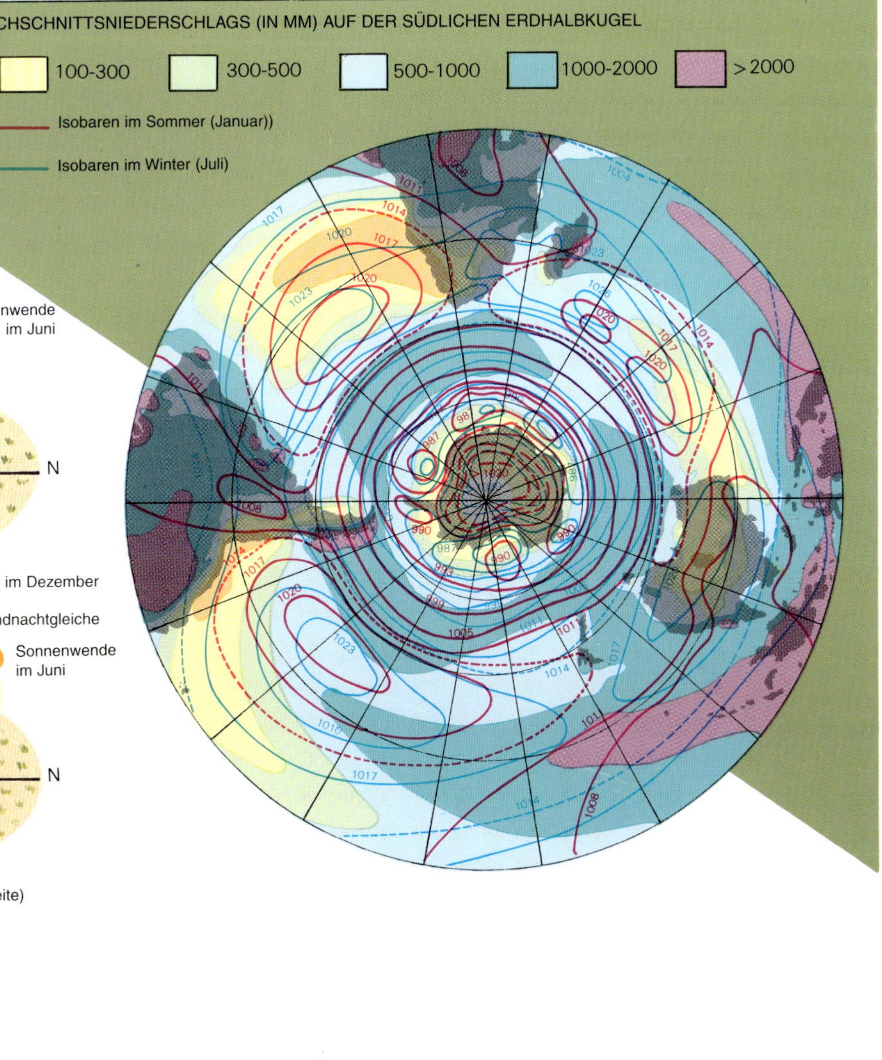

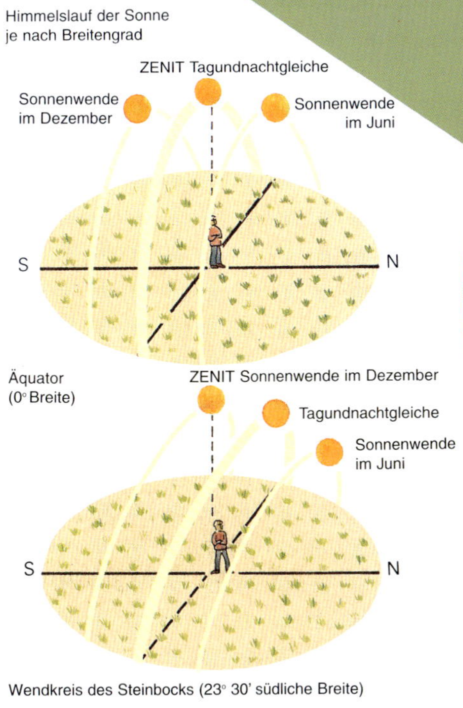

Im laubabwerfenden Urwald verlieren über zwei Drittel der Bäume des oberen Stockwerks ihr Laub regelmäßig und unausweichlich. Das untere Baumstockwerk behält zumeist sein Laub, so wie es in einem feuchteren Mikroklima zu erwarten wäre. Die Größe der Blätter nimmt im Vergleich zum Regenwald ab, und es werden bevorzugt kleinere Blätter ausgebildet.

Für die trockenste Variante des tropischen laubabwerfenden Waldes ist die Ausbildung eines niedrigen Baumstockwerks sehr typisch, größtenteils sklerophyll (hartlaubig) und immergrün, aus dem vereinzelt höhere, laubabwerfende Bäume hervorragen, zumeist Wollbaumgewächse mit dickem, aufgeblähtem Stamm, z. B. Macombos *(Cavallinesia platanifolia)*, oder Korallensträucher *(Bombacopsis quinatus)*, der ihnen als Wasserspeicher dient.

Bei noch größerer Trockenheit macht diese Art von Trockenwald Dornengebüschen Platz. Es handelt sich um eine Gemeinschaft kleiner Bäume (3-10 m), zumeist dornig, mit immergrünem, hartem Laub, von dem manche ihr Laub auch in der Trockenperiode verlieren. Mimosengewächse *(Prosopis, Acacia)*, Schmetterlingsblütler, Brasilholz *(Caesalpinia)* und Kaperngewächse *(Capparis)* sind sehr typische Vertreter. Der Boden, ohne Gras, bietet Raum für eine niedrige Vegetation aus Bromelien und wasserspeichernden Kakteen. An der Grenze zum Trockengebiet charakterisieren in erster Linie Kakteengewächse die Landschaft. Säulenförmige Kakteen, gemischt mit niedrigen Gebüschen mit sehr kleinen Blättern und auf dem Boden wachsende Bromelien bilden zusammen eine Halbwüste.

SCHUTZSTRATEGIEN DER BÄUME GEGEN TROCKENHEIT

Bei einer länger anhaltenden Trockenperiode passen sich die Bäume in der Regel durch eine der beiden folgenden Strategien an:

a) Sie bilden harte Blätter, die während der Trockenperiode grün bleiben. So ist es im Fall der mediterranen Vegetation. Diese ist typisch für ein Klima mit Regenfällen im Winter und großer Trockenheit im Sommer (siehe S. 36).

b) Sie bilden große, hygromorphe Blätter, ohne besondere Vorrichtungen, um Wasser einzusparen. Diese verlieren sie während der Trockenperiode, wodurch sie der Dehydrierung vorbeugen können. Auf diese Art paßt sich die Waldvegetation der tropischen Klimazonen mit Regenfällen im Sommer an.

Warum passen sich tropische Bäume nicht auf die gleiche Art und Weise wie mediterrane, hartblättrige Baumarten an? Harte Blätter ermöglichen, durchgehend über das ganze Jahr Photosynthese zu betreiben. Allerdings sind sie sehr materialaufwendig, ungefähr zwei- oder dreimal mehr als ein weiches Blatt. Das weiche Blatt, ökonomischer in der Herstellung, produziert nur während einer kurzen Zeit. Es verfügt jedoch über eine größere Oberfläche, und so steigt auch seine photosynthetische Aktivität an.

Die tropischen Waldböden sind sehr nährstoffarm, was zu einem intensiven Konkurrenzkampf zwischen den Pflanzen führt. Unter diesen Umständen sind Pflanzen mit einem niedrigeren Materialbedarf zur Laubbildung, also solche mit hygromorphen Blättern, im Vorteil. Beim Anbrechen der Trockenperiode stößt der Baum diese Blätter ab, weil sie nicht an Trockenheit angepaßt sind. Dennoch ist für den Baum der Nährstoffverbrauch so geringer als mit harten Blättern. Dabei darf nicht vergessen werden, daß in Tropengebieten die Temperatur kein Faktor ist, der die Aktivität der Vegetation zum Stillstand bringen könnte.

EINE ANOMALIE: DAS FLACHLAND VON KOLUMBIEN UND VENEZUELA

Die Gegend der Llanos (große Ebenen und Steppen im nördlichen Südamerika) ist ein immenses, unmerklich nach Südosten geneigtes Flachland, das sich am linken Rand des Orinokos durch Kolumbien und Venezuela erstreckt, mit einer Länge von ungefähr 1.000 km und einer Breite, die bis zu 400 km betragen kann. Das Klima weist eine von Dezember bis April anhaltende Trockenperiode auf. Über die übrigen sieben Monate erstreckt sich eine Regenperiode mit einem Gesamtniederschlag von ungefähr 1.300 mm. Unter solchen Bedingungen wäre eigentlich mit einem halblaubabwerfenden oder laubabwerfenden tropischen Regenwald zu rechnen, aber stattdessen tut sich vor uns unerwartet eine ganz andere Landschaft auf: eine mehr oder weniger dicht mit Bäumen bestandene Savanne.

Das Wort Savanne ist wahrscheinlich karibischen Ursprungs und hat keine genaue wissenschaftliche Bedeutung. Allgemein wird der Begriff für Pflanzenformationen verwendet, in denen Süßgräser vorherrschend sind. In ihnen gibt es z. T. Gebüsch, keine oder nur einige vereinzelt auftretende oder kleine Wäldchen bildende Bäume, die sich unregelmäßig über die Landschaft verteilen (Waldinseln) oder dem Lauf von Flüssen und Bächen folgen (Galeriewälder). Das ist die Landschaft, an der sich der Reisende beim Durchqueren der Llanos erfreut.

Unter der außerordentlichen Vielfalt der im Flachland beheimateten Süßgräser sind die Vertreter der Gattungen Andropogon, Paspalum, Axonopus und Panicum vorherrschend.

Als für diese Savannen typische Bäume, im allgemeinen von geringer Höhe und mit immergrünem Laub, kann man den Chaparro *(Curatella americana)*, den Korkbaum *(Bowdichia virgiloides)*, die MatecÛn-Steineiche *(Byrsonima crassifolia)* und Bototo

Vom Feuchtwald zu den laubabwerfenden Tropenwäldern

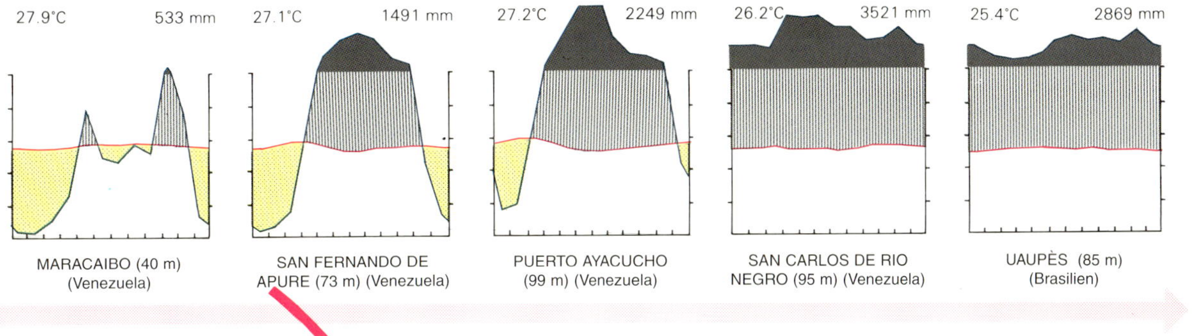

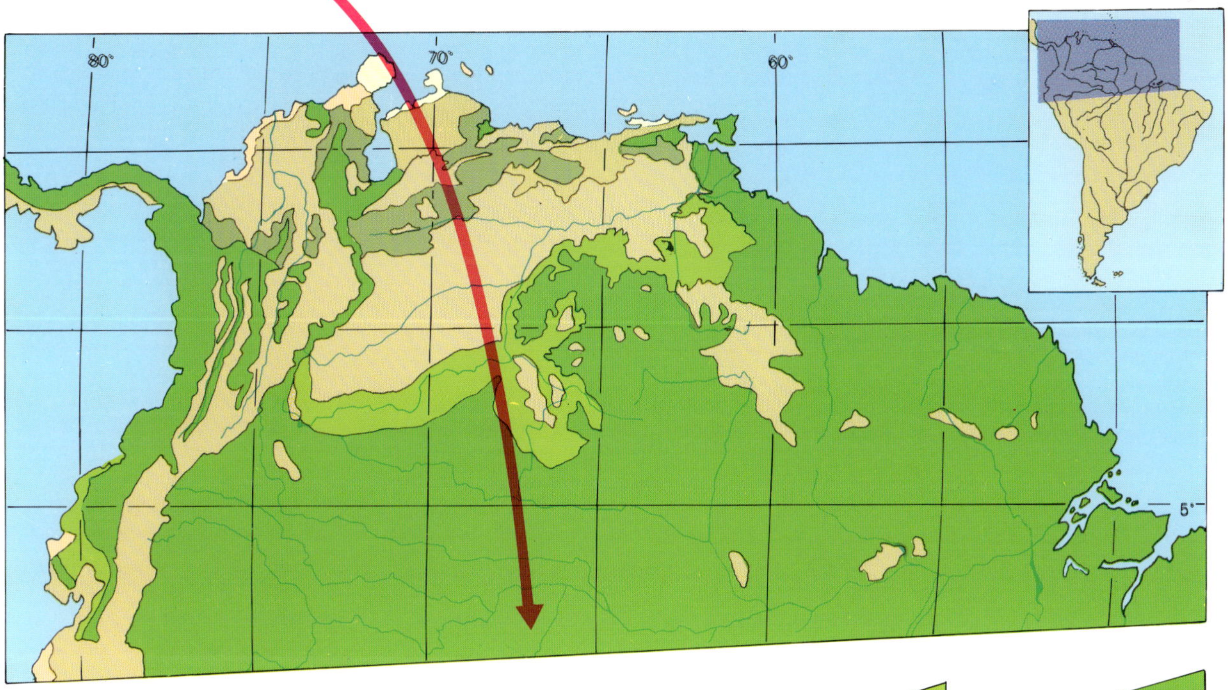

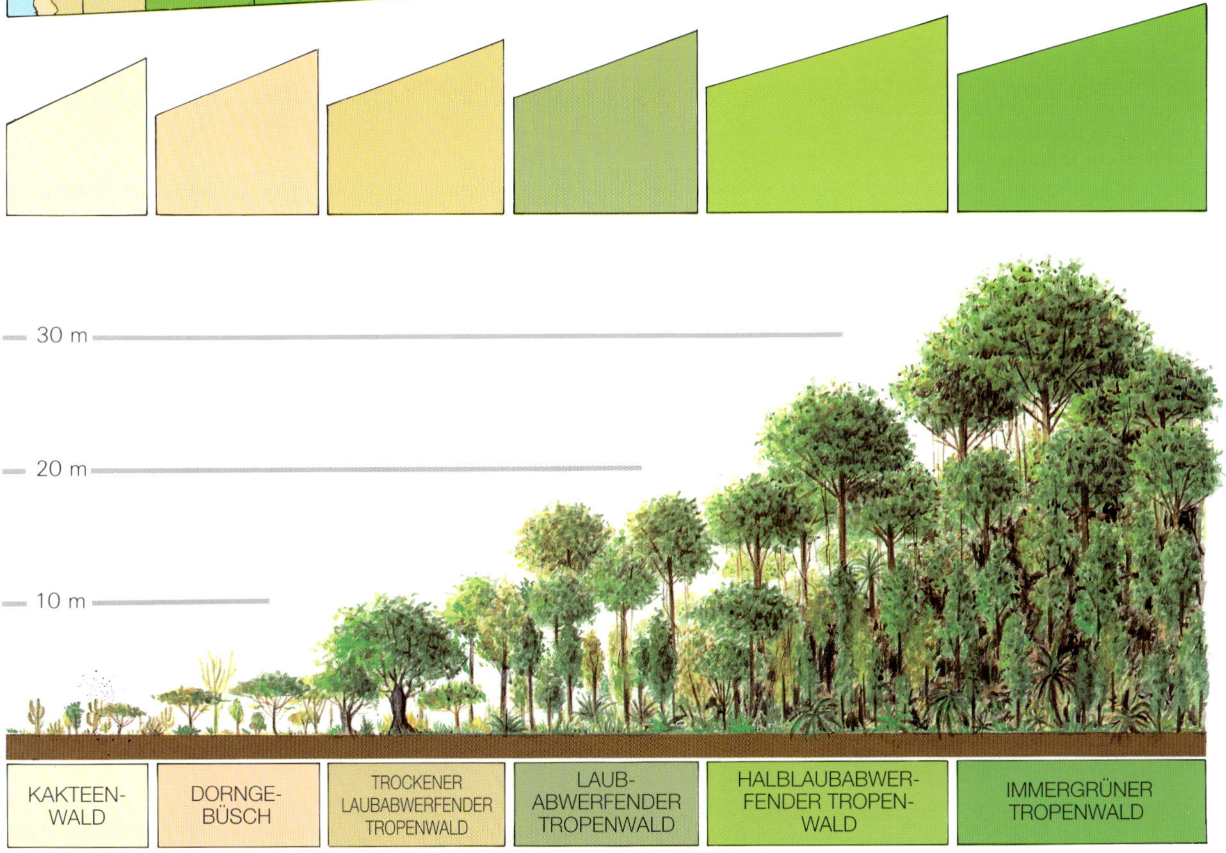

(Cochlospermum vitifolium) nennen. Letzterer wirft sein Laub ab. Die Palmen - *Copernicia tectorum, Mauritia minor* - sind ein für diese Landschaft sehr typisches Element, das ins Auge fällt. Sie wachsen immer auf Böden, die wegen einer Überschwemmung oder aufgrund ihres hohen Grundwasserspiegels während langer Perioden feucht bleiben.

Der Ursprung dieser Savannen war und ist Gegenstand interessanter Auseinandersetzungen. Übereinstimmend ist man der Meinung, daß klimatische Faktoren dabei keine Rolle spielen können. Uneinigkeit besteht über die Frage, ob die Savannen von der Bodenbeschaffenheit abhängen oder auf nicht natürliche Ursachen zurückzuführen sind, insbesondere auf menschliche Einwirkungen, wie Waldbrände und Nutzung als Weidefläche.

Mit Sicherheit können die Ursachen, die das Wachstum der Bäume verhindern, sehr verschieden sein. Zum Beispiel ist in den Mulden, die vom Hochwasser der Flüsse überflutet werden und während mehrerer Monate überschwemmt bleiben, ein Leben von Bäumen ausgeschlossen, mit der einzigen Ausnahme der *C. tectorum*-Palme. Andererseits ist der Boden der östlichen Llanos eine reine Sandgrube. Dieser Sand war wahrscheinlich bereits arm an Nährstoffen, als er während des Pleistozäns abgelagert wurde und somit ein aus dem Tertiär stammendes Meeresbecken auffüllte, so daß er wahrscheinlich nie eine Waldvegetation ernährt hat.

Eine dritte Erklärung, die sich auch auf die Bodenbeschaffenheit bezieht, geht von einem Zusammenhang zwischen den Savannen und dem Vorhandensein einer harten Trennschicht aus Eisenoxid in einer Tiefe von 30-80 cm aus, überdeckt von feinen, angeschwemmten Ablagerungen (Sedimentböden). Diese Böden, die sich in der Zentralregion der Llanos über sehr große Ausmaße erstrecken, sind zu einer Zeit entstanden, als der Grundwasserspiegel noch höher als heute lag. Nach Meinung der Vertreter dieser Hypothese strömt ein großer Teil des Regens durch die Trennschicht: Von 1.300 mm Regenwasser fließen ungefähr 1.000 hindurch, und nur cirka 300 mm verbleiben in der oberen Bodenschicht. Wo die Bäume mit ihren Wurzeln die Trennschicht nicht durchbohren können, reduziert sich der tatsächliche Niederschlag also auf kaum 300 mm, und bei solchen Werten und außerdem sandhaltigem Boden sind im Konkurrenzkampf Süßgräser eindeutig im Vorteil. Mit ihrem umfangreichen System sproßbürtiger Wurzeln (siehe S. 56-58) durchziehen sie den gesamten Boden. Die Bäume wachsen nur dort, wo ihre langen und weitverzweigten Wurzeln auf Risse in den harten Schichten stoßen und somit an den tiefliegenden Grundwasserspiegel heranreichen können. Demzufolge entsprächen die Waldinseln den Enklaven, an denen es keine Trennschicht gibt oder diese nur sehr dünn ist.

Das Feuer, in den Llanos allgegenwärtig, scheint die Vegetation dahingehend verändert zu haben, daß die Decke aus Süßgräsern sich weiter ausgebreitet hat und daß die Baum- und Buscharten, die am widerstandsfähigsten sind, wie z.B. Palmen, bevorzugt wurden.

TROCKENWÄLDER UND SUBTROPISCHE STRAUCHSTEPPEN: EIN QUERSCHNITT VOM CHACOGEBIET BIS PATAGONIEN

Ein Blick auf die weltweite Niederschlagskarte zeigt, daß außer der Sahara, die unter Einfluß der asiatischen Kontinentalmasse einen kontinuierlichen Wüstenstreifen durch Afrika bildet, die tropischen Wüstenländer sich am westlichen Rand der Kontinente hinter einem Keil starker Niederschläge befinden. Diese werden von Norden nach Süden schwächer. Die warmen Meeresströmungen, die die östlichen Küsten der Kontinente umspülen, bilden zu diesem Ungleichgewicht keinen Widerspruch. Ebensowenig wie die feuchte und unregelmäßige Beschaffenheit der westlichen Ausläufer subtropischer, ozeanischer Hochdruckgebiete (siehe Seite 28). Ein Detail ist bemerkenswert: Die Auswirkung der Feuchtigkeit ist in Südamerika deutlicher als in gleichwertigen südlichen Kontinenten wie Afrika und Australien. Das ist der Grund für die enormen Flächen, die in Südamerika von Wäldern und subtropischen Trockensteppen bedeckt werden.

DER CHACO

In diesem Bereich erstreckt sich das Chacogebiet mit einem feucht-trockenen Tropenklima wie eine riesige Ebene mit leichten, muldenartigen Vertiefungen vom Süden Boliviens über den Westen Paraguays, den Südwesten Brasiliens bis zum Norden Argentiniens. Die Niederschläge, immer vom Zenit her kommend, nehmen von Norden nach Süden und von Osten nach Westen hin ab, ebenso wie auch der zuvor genannte Einfluß von Tiefdruckgebieten weiter nachläßt.

Die für das Chaco-Gebiet charakteristische Vegetation besteht aus einem laubabwerfenden Wald, dem Quebrachal, der sein Laub während der Trockenperiode verliert. Neben diesen Wäldern treten auch Palmenhaine und baumbestandene Savannen auf, die aber aus Gründen der Bodenbeschaffenheit entstehen und nichts mit dem Klima zu tun haben.

Der Quebrachal weist die für tropische Trockenwälder typische Struktur auf und bildet zwei Baumschichten: Die obere (20-25m) ist offen, und ihr Erscheinungsbild wird von verschiedenen Arten des farbigen Quebrachos bestimmt *(Schinopsis balansae, S. lorentzii, ...)*, die einander je nach Grad der Trockenheit ersetzen. Typisch für die untere Baumschicht (10 m) ist, daß in ihr Johannisbrotbäume *(Prosopis alba, P. nigra)*, Akazien *(Acacia caven, A. praecox)* und Teerbäume *(Cercidium praecox)* vorkommen.

Die gut entwickelte Strauchschicht wird besonders kompakt und

Die Hochebenen von Kolumbien und Venezuela

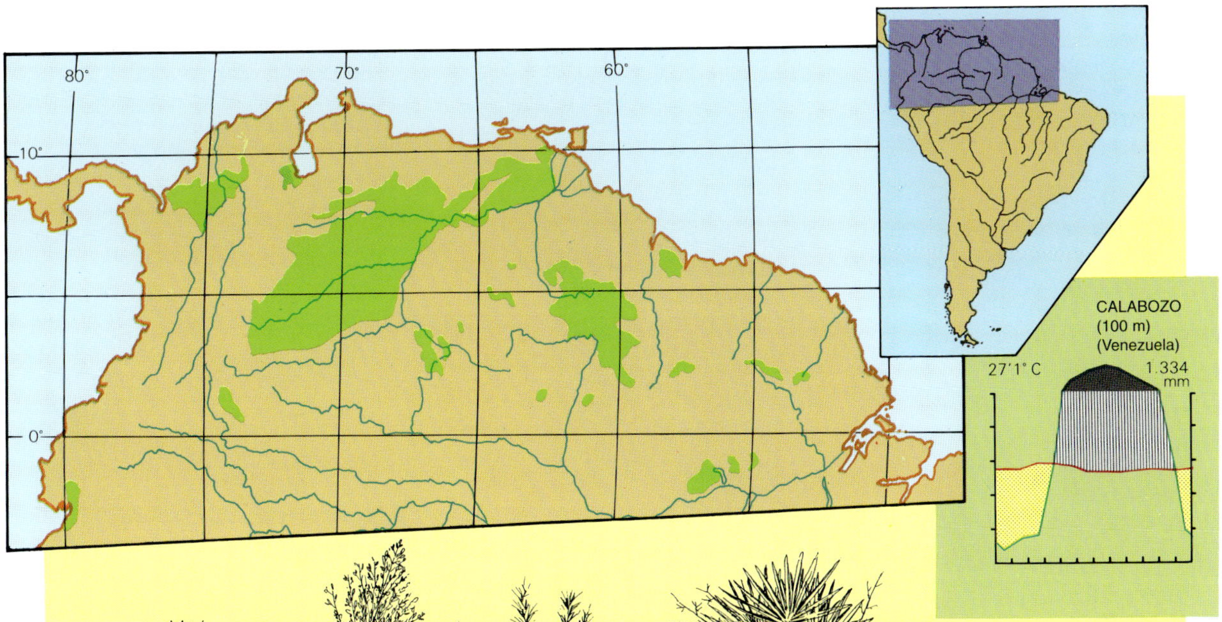

Axonopus aureus
Panicum maximum
Andropogon bicornis
Copernicia tectorum
Curatella americana

dornig, wenn sie ausgiebig als Weidefläche genutzt wird. Die Kakteengewächse, die in unberührten Quebrachals nur selten anzutreffen sind, treten in solchen, an denen ein Eingriff stattgefunden hat, recht häufig auf. Sie werden von verschiedenen strauchartigen Formen von hohem Wuchs vertreten, die den Gattungen Opuntia, Cereus und Harrisia angehören. Schließlich bietet die Krautschicht auch einer großen Vielfalt von Süßgräsern Platz, die bei den Viehherden sehr beliebt sind. Zusätzlich gibt es noch wilde Bromelien mit scharfen, dornigen Blättern *(Bromelia serra, Dyckia ferox)*, die eine Wanderung durch diese Wälder zu einem wahren Kreuzgang werden lassen können.

DAS DORNGEBÜSCH

Das Dorngebüsch begrenzt das Chaco-Gebiet im Süden und bildet einen Bogen um die Pampa herum (siehe Seite 60). Es ist eine Waldformation, die dem Wald im Chaco-Gebiet sehr stark ähnelt. Dennoch ist ihre Struktur wesentlich einfacher, so wie es einem trockeneren Klima entspricht. Tatsächlich kommt es auch hier im Sommer zu Regenfällen, aber durchschnittlich fallen diese geringer als im Chaco-Gebiet aus und nehmen von Norden nach Süden hin immer stärker ab. Mit steigender Breite wird die Temperatur immer gemäßigter und stärker jahreszeitenabhängig.

Die Struktur des Dorngebüschs entspricht der eines Waldes im Chaco-Gebiet, aus dem die Schicht farbiger Quebracho-Bäume entfernt worden ist. Daher handelt es sich hierbei um einen trockenen, der Trockenheit halber laubabwerfenden Wald mit einer einzigen Waldschicht, die nur selten höher als 10 m ist und für die verschiedene Arten charakteristisch sind, wie z.B. Prosopis *(P. algarrobilla, P. nigra, P. alba)* und andere, für das Chaco-Gebiet typische Baumarten, wie der Talabaum *(Celtis tala)*, der Chanar *(Geoffrea decorticans)*, der Pfefferbaum *(Schinus longifolia)* und andere, zusätzlich zu einer sehr typischen Palmenart, der Wachspalme *(Trithrinax campestris)*, die eine Höhe von 2 bis 4 Metern erreicht.

DER BERG

An der südlichen Grenze des Gebiets, über das sich der Dornbusch verteilt, hört die Einwirkung der sommerlichen Regenfälle endgültig auf. Auffallend ist dabei, daß sie durch keinerlei andere beachtliche Regenquelle ersetzt werden. In diesen Breitengraden würden die feuchten Westwinde eine hervorragende Wasserquelle darstellen, wenn sie auf ihrem Weg nicht von der Andenkette aufgehalten würden und somit ihren gesamten Wasservorrat verlieren. Aufgrund dieser Tatsachen kommt es zu einem regelrechten Regenmangel, mit Werten zwischen 80 und 200 mm pro Jahr. Diese Niederschlagsmenge fällt im Norden im Sommer, wohingegen im Süden die Regenfälle hauptsächlich im Winter und im Frühling niedergehen.

Bei so geringer Feuchtigkeit ist ein Leben der Bäume nicht mehr möglich, und der Dornwald macht einem trockenheitsangepaßten (xeromorphen) Gestrüpp Platz. Ein Teil davon ist immergrün, der andere laubabwerfend, das sogenannte Jarillal. Hierbei handelt es sich um eine Buschgemeinschaft von 1-2m Höhe, für die verschiedene Arten des Jarillal charakteristisch sind *(Larrea divaricata, L. cuneifolia, L. nitida)*. Hinzu kommen noch der Mata sebo *(Monttea aphylla)*, die Drillingsblume *(Bougainvillea spinosa)* und baumförmige Prosopis-Arten, die alle eine typisch xeromorphe Morphologie aufweisen. Beide Arten von Gebüsch wachsen getrennt, zwischen ihnen gibt es große Freiräume von nacktem Bodem, auf dem sich Geophyten ansiedeln, Ephemeren und Sukkulenten, also Lebensformen, die sich dem trockenen Klima besonders gut anpassen.

Tatsächlich befinden wir uns ja auch an den Toren zu einer Wüste, oder, besser gesagt, einer kalten Halbwüste: Patagonien (siehe S. 62).

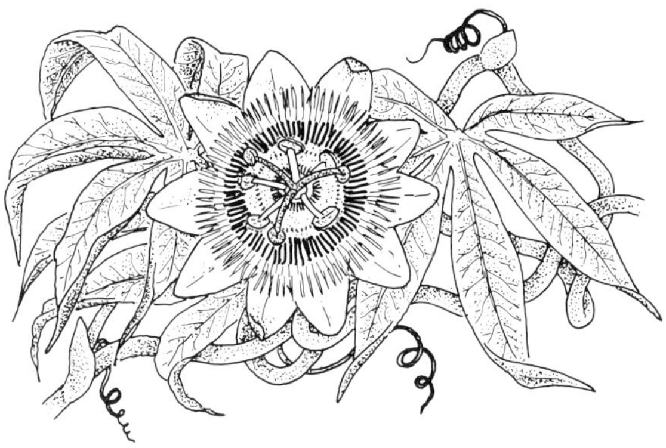

Trockenwälder und subtropische Buschsteppen

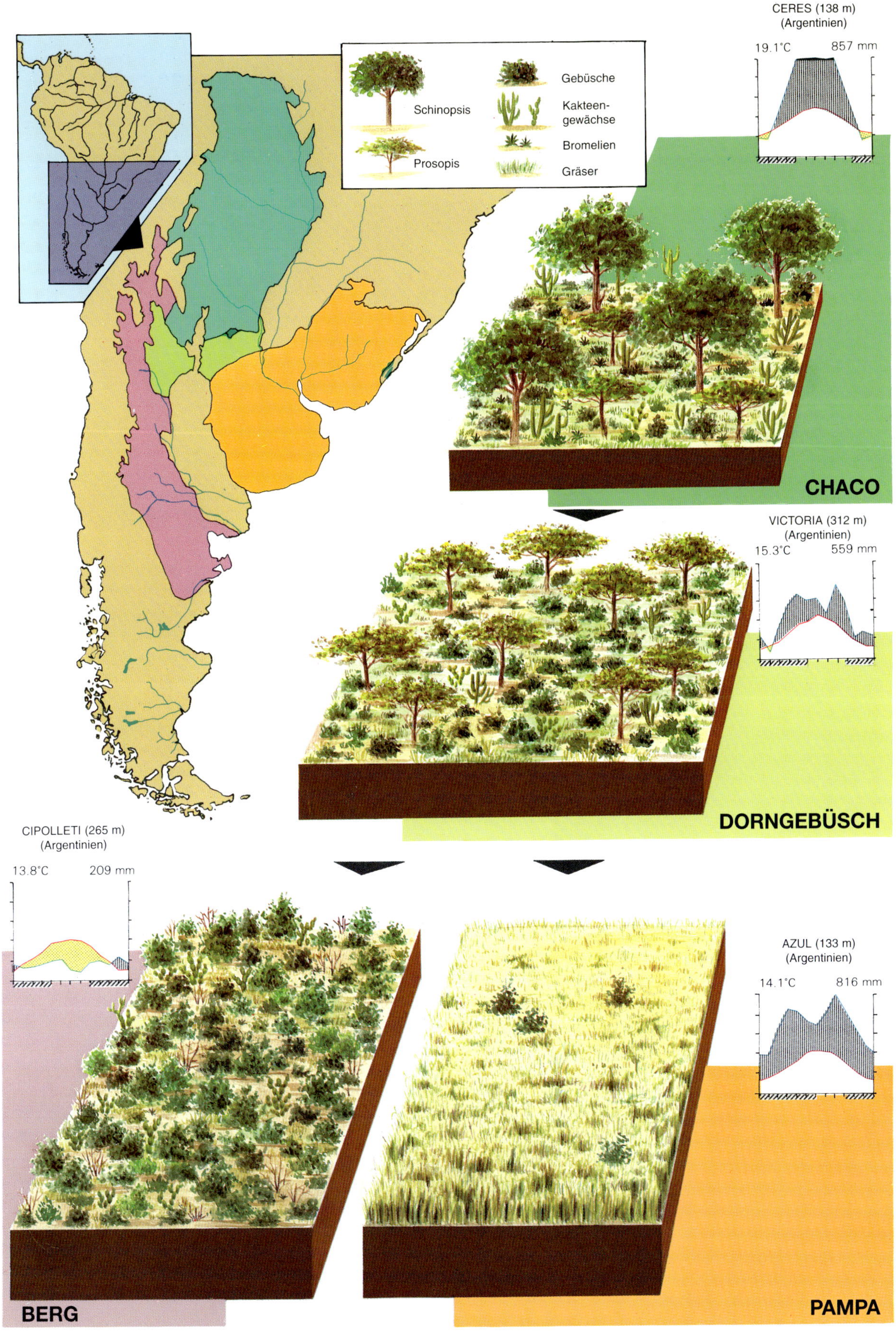

Die Feuchtwälder der gemäßigten Zone

GEMÄSSIGTE WARME KLIMAZONEN

Der Lorbeerwald oder Wald der gemäßigten Zone mit immergrünem Laub stellt die typische Vegetation eines Klimas mit klar definierbaren Jahreszeiten dar, die allerdings keine richtigen Kontraste bilden. Die jährlichen Temperaturschwankungen sind mäßig, ohne daß dabei Winterfrost auszuschließen wäre. Die reichlichen Niederschläge sind gut über das gesamte Jahr verteilt, ohne daß es dabei zu einer deutlichen Trockenperiode käme. Diese Bedingungen bestehen in drei verschiedenen geographischen Regionen, und zwar aus nicht weniger unterschiedlichen Gründen: 1) entlang des Oststreifens der Kontinente in den Breiten zwischen 25 und 35° Grad; 2) an den westlichen Kontinentalküsten zwischen 35 und 40° Grad; 3) auf den Inseln, die sich zwischen 25 und 35-40° Breite befinden. Ein Beispiel für die erste geographische Region sind die Länder im Südosten Brasiliens und die an Argentinien angrenzenden Gebiete, Paraguay und Uruguay. Der zweiten Kategorie entsprechen mit verschiedenen Abstufungen das Küstengebiet Chiles von Valdivia bis zum südlichen Rand des Kontinents. Bereits zur dritten Region zählen die Kanarischen Inseln, Madeira, die Azoren und Kap Verde.

EIGENSCHAFTEN DES LORBEERWALDES

Die Lorbeerwälder sind typische immergrüne und artenreiche Wälder. Sie sind immergrün, weil die Milde des Klimas eine kontinuierliche biologische Aktivität ermöglicht. Sie sind arteinreich, weil das Kronendach eine große Baumartenvielfalt aufweist. Weil die Umwelt keinen starken Selektionsdruck ausübt, ist die Zahl der zur Baumschicht gehörenden Arten tatsächlich sehr hoch. (Fast 100 Baumarten wurden im argentinischen Lorbeerwald erfaßt. Auf den kanarischen Inseln waren es 20.) Dabei werden jedoch keine an die Tropenwälder heranreichenden Werte erreicht. Eben aufgrund dieser Artenvielfalt werden sie als Lorbeerwald und nicht einfach als Wald bezeichnet. Wälder (Mittelmeerwälder, sommergrüne Laubwälder der gemäßigten Zone), deren Baumdecke von einer oder von einigen wenigen Arten beherrscht wird, bilden einen deutlichen Kontrast zu den Lorbeerwäldern. In diesem Sinne stellen die Lorbeerwälder einen Übergangstypus zwischen den Wäldern der gemäßigten Zone und den Tropenwäldern dar.

Dennoch gibt es trotz der zahlreichen Unterschiede eine bemerkenswerte morphologische Übereinstimmung zwischen den verschiedenen Baumarten, vor allem im Bezug auf die Blätter. Mehrheitlich entsprechen sie der Lorbeerblattart: breit, oval, lederartig, glänzend. So erklärt sich auch der Name, mit dem diese Waldformation bezeichnet wird: Lorbeerwald.

DER LORBEERWALD VON MISSIONES

Die Küsten Brasiliens und Argentiniens, zwischen 25 und 35° Breite, sind den für Lorbeerwälder typischen meteorologischen Einflüssen ausgesetzt. Diese Region fällt noch in den Einflußbereich des subtropischen Hochdruckgebiets, das von dieser Seite feuchte, warme und ungleichmäßige Luft zu den hohen Breiten sendet. Während des Sommers sammelt das Hochdruckgebiet Kräfte und erhöht den Fluß feuchter Luftströmungen. Deren Aufsteigen und Abkühlen führt zu starken Niederschlägen. Im Winter zieht das Hochdruckgebiet sich zurück und der Einfluß aus Osten stammender Polarluft wird stärker. Das löst regenbringende Stürme aus. Insgesamt schwankt der Jahresniederschlag je nach Orten zwischen 1.500 und 2.000 mm. Die Durchschnittstemperatur erreicht zwischen 20 und 21° C. Die Winter sind mild und die Sommer, aufgrund der mildernden Wirkung der starken Regenfälle, niemals extrem heiß. Diese Milde schließt nicht unbedingt aus, daß es in den höher gelegenen Regionen zu Frost und sogar Schneefällen kommen kann, wodurch bestimmten, den niederen Breiten angehörenden Baumarten der Zugang verwehrt wird. Ein Klima mit diesen Eigenschaften wird als »subtropisch-feucht« oder »gemäßigt regnerisch, mit warmen Sommern« bezeichnet.

In einem solchen Klima wird ein besonders reichhaltiger und üppiger Lorbeerwald ausgebildet, mit 35-40 Baumarten pro Hektar, auf drei Schichten verteilt, deren höchste zwischen 20 und 30 m erreicht, und einem dichten Unterholz, in dem es zahlreiche Lianen und Epiphyten gibt. Unter den häufigsten Baumarten ist der Guatamb *(Balfourodendron riedelianum)* zu nennen, Lorbeerbaum *(Nectandra saligna)*, Layanazimt *(Ocotea pulchella)*, Cancharana *(Cabralea oblongifolia)*, Vasourina *(Chrysophyllum marginatum)* und noch viele andere. Die Palmen, in dieser Region nicht sehr zahlreich, werden von den Arten Pindo *(Arecastrum romanzoffianum)* und Zwergpalme *(Euterpe edulis)* vertreten. In der niedrigsten Baumschicht kommt die hygrophile Beschaffenheit dieser Vegetation durch das Auftreten von Baumfarnen, wie zum Beispiel dem Chachí *(Alsophila atrovirens)*, zum Ausdruck.

Das strauchhaltige Unterholz, das auch eine große Artenvielfalt aufweist, nimmt charakteristische Pflanzen wie zum Beispiel Bambus (Bambusgewächse) auf, vertreten durch die Arten *Guadua Chusqua* und *Merostachys*, die gelegentlich undurchdringliches Dickicht bilden.

Diese Pflanzen blühen nur einmal am Ende einer langen Ruhephase, die bis zu dreißig Jahre dauern kann. Nach Ausbildung der

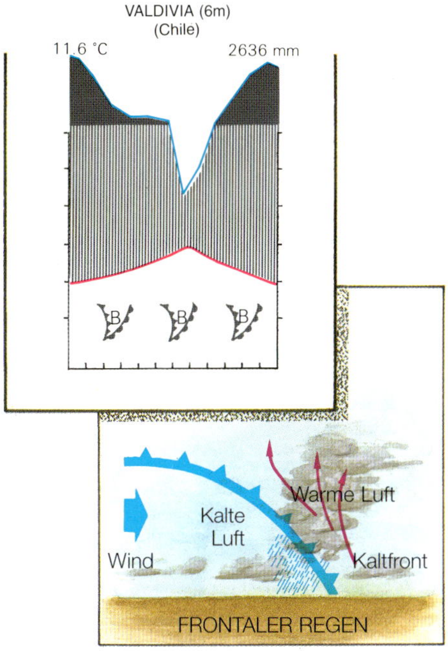
VALDIVIA (6m)
(Chile)
11,6 °C
2636 mm
B
B
B
Kalte Luft
Warme Luft
Wind
Kaltfront
FRONTALER REGEN

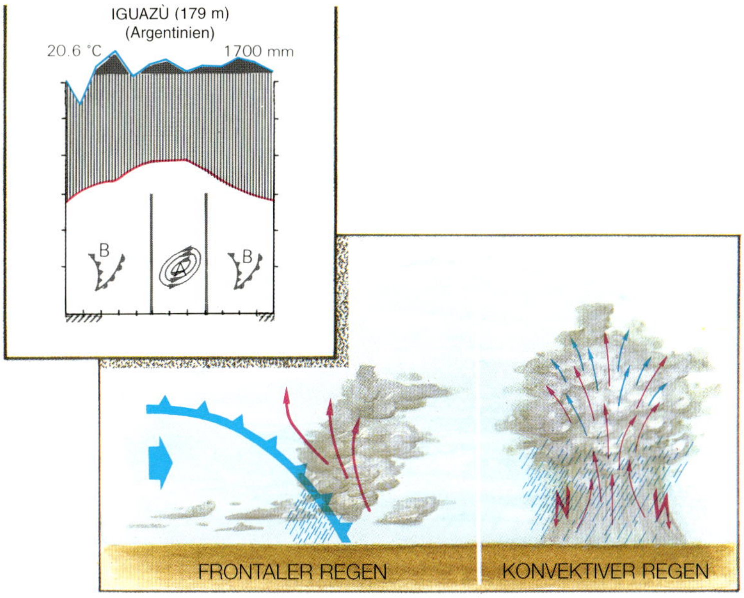
IGUAZÙ (179 m)
(Argentinien)
20,6 °C
1700 mm
B
A
B
FRONTALER REGEN
KONVEKTIVER REGEN

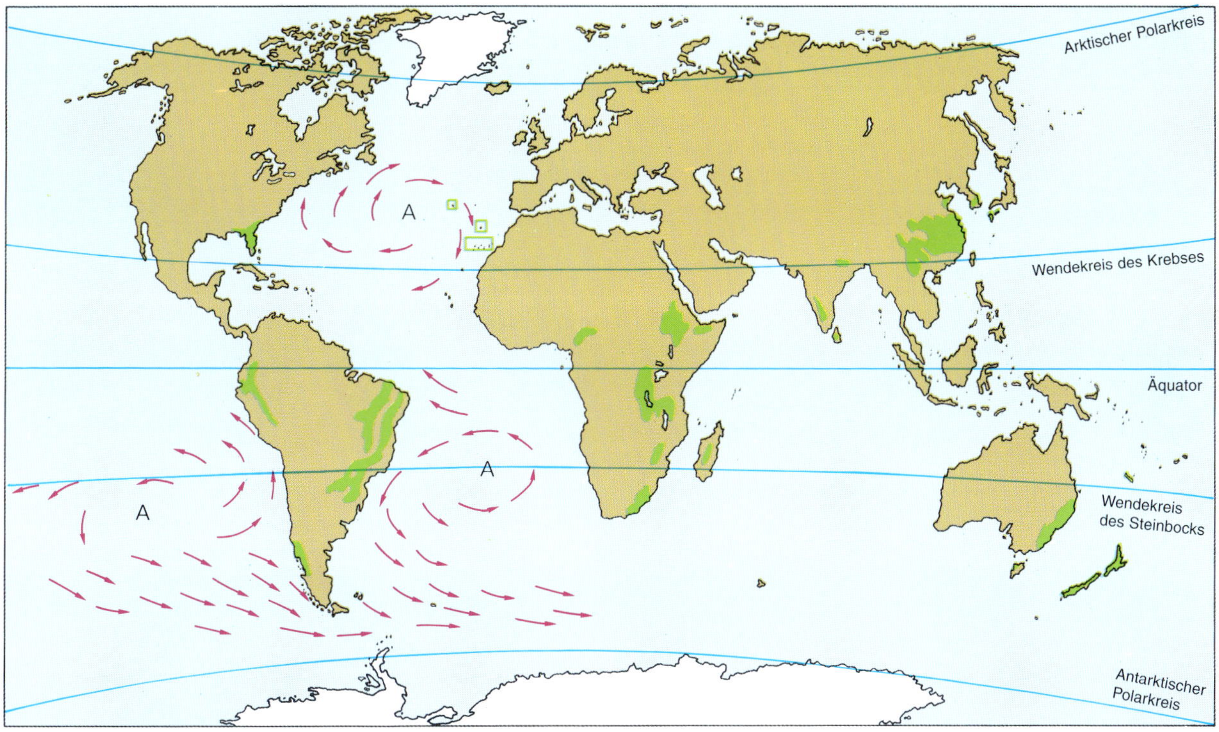
Arktischer Polarkreis
A
Wendekreis des Krebses
Äquator
A
A
Wendekreis des Steinbocks
Antarktischer Polarkreis

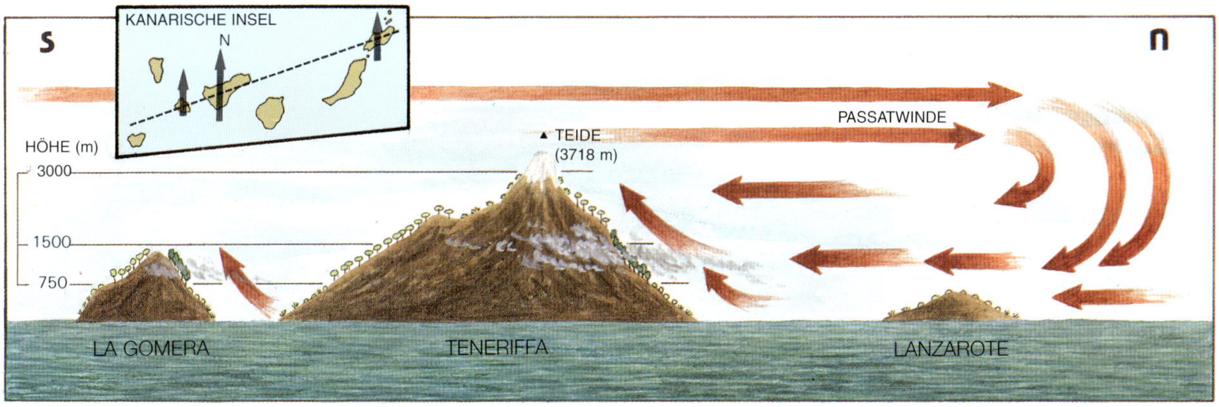
S
N
KANARISCHE INSEL
N
PASSATWINDE
HÖHE (m)
▲ TEIDE
(3718 m)
3000
1500
750
LA GOMERA
TENERIFFA
LANZAROTE

Früchte stirbt die Pflanze, aber die Samen keimen schnell und bilden in wenigen Monaten ein neues Dickicht.

Im Waldstockwerk leben verschiedene Süßgräser mit breiten Blättern und viele Farne, neben anderen Krautgewächsen. Es gibt sehr viele Lianen, mit Vertretern verschiedener Familien, wovon einige sehr schöne Blüten tragen, wie zum Beispiel *Pyrostegia venusta* oder *Mustisia campanulata*. Mit einer ebenso großen Artenvielfalt präsentiert sich die Flora der Epiphyten, mit zahlreichen Bromelien, Farnen, Moosen und spektakulären Orchideen. Selbst die Schlingpflanzen, die für Tropenwälder sehr typisch sind, sind hier vertreten: Eine Feigenart *(Ficus monckii)*, die den Trägerbaum mit langen, dünnen Wurzeln umwickelt, sich somit Halt schafft und dabei den Baum einschnürt und häufig seinen Tod verursacht.

In dieser Region, die höher gelegen ist und in der das Klima ebenfalls feucht, aber kühler ist, tritt ein Lorbeerwald auf, dessen Zusammensetzung nicht sehr viel anders als die der vorherigen ist, aber durch einen Nadelbaum ergänzt wird, dessen Präsenz nicht übersehen werden kann: die Andenpinie oder Curí *(Araucaria angustifolia)*. Ein imposanter Baum, der mit 30 m Höhe über die höchste Baumschicht hinausragt und somit dem Wald ein ganz besonderes Aussehen verleiht. Typisch für diese Höhenwälder ist das berühmte Mategras *(Ilex paraguayensis)*, dessen kleingehackte und entsprechend behandelte Blätter das Rohmaterial für den beliebten Matetee darstellen. Lorbeerwälder finden sich nicht über 1.000 m. Bei größeren Höhen, bis zu 1.800 m, in der Hochebene von Südbrasilien, weichen sie den Nadelwäldern. Die Araukarie tritt dabei in Begleitung eines anderen Nadelbaums *(Podocarpus lambertii)* und einigen Arten der Familie der Myrte (Myrtengewächse) auf.

DER LORBEERWALD VON VALDIVIA

Das mediterrane Klima ergibt sich aus dem Wechselspiel zwischen Wärme und Trockenheit vom östlichen Rand der subtropischen Hochdruckgebiete (trockener und warmer Sommer) und den - antarktischen oder arktischen - Polarluftströmen, die regenbringende Stürme (kalter und feuchter Winter) verursachen.

Mit zunehmendem Breitengrad verstärkt sich der Einfluß der Stürme, die auf ihrem Weg von Westen nach Osten die westlichen Küsten der Kontinente entlangfegen und in Form heftiger Niederschläge die erhöhte Feuchtigkeit abstoßen, die sie mit sich führen. Diese Niederschläge werden noch zahlreicher, wenn die Luftmassen auf ihrem Weg auf Berge treffen. Das daraus resultierende Klima ist feuchter und frischer als das mediterrane, aber durch eine jährliche Temperaturschwankung gekennzeichnet, die durch die Nähe des Ozeans gemildert wird.

Dies sind die klimatischen Bedingungen, die im Süden Chiles, zwischen 38 und 45° Breite, vorherrschend sind. Die Niederschläge sind je nach Ort umfangreich, von 1.500 bis zu 5.000 mm, und gleichmäßig über das Jahr verteilt, auch wenn der mediterrane Einfluß mit 3-4 weniger feuchten Sommermonaten nach wie vor zu spüren ist. Die Temperaturen sind sehr konstant und mild, auch wenn in keinem Monat der Durchschnitt unter 5° C fällt, und mit Werten für den wärmsten Monat, die unter 22° C liegen.

Zu jedem Klima gehört eine spezifische Vegetation: der Lorbeerwald von Valdivia. Dieser Wald erstreckt sich über die Küstengebirgskette und das Flachland im Landesinnern. An den Andenhängen gewinnt er an Höhe. Die jeweiligen Umweltbedingungen bieten für diese oder jene Pflanzenarten einen Vorteil, was die Ausbildung verschiedener Waldgemeinschaften zur Folge hat. In der üppigsten kann die Südbuche *(Nothophagus dombeyi)*, ein gigantischer Baum, der 40-50 m Höhe erreichen kann, mit der Ulme *(Eucryphia cordifolia)*, dem Olivenbaum *(Aetoxicum punctatum)*, dem Tineo *(Weinmannia trichosperma)*, Lorbeer *(Laurelia sempervirens)*, Tepa *(L. philippiana)*, Lingue *(Persea lingue)*, Weißdorn *(Dasyphyllum diacanthoides)*, Haselnuß *(Gevuina avellana)* und anderen Baumarten eine Gemeinschaft bilden. Diese reichhaltige Kronenschicht wird von einer dichten Strauchschicht ergänzt. Darin dürfen natürlich die Bambusgewächse nicht fehlen: Coligue *(Chusquea coleu)* und Quila *(Ch. quila)*. Das trägt dazu bei, daß ein besonders dichter Wald ausgebildet wird. In der Krautschicht ist die große Anzahl von Farnen auffällig, wie zum Beispiel Ampe *(Lophosoria quadripinnata)* oder der Rippenfarn *(Blechnum chilense)*. Gemeinsam mit den Farnen bilden die Lianen ein weiteres typisches Element dieser Wälder, mit so berühmten Arten wie Copihue *(Lapageria rosea)* und dem Voqui *(Campsidium valdivianum)*. Die Moose sind die Hauptvertreter der Gruppe der Epiphyten und bilden zum Teil lange, herabhängende »Bärte«, die dem Waldesinnern einen zum Teil irrealen und traumweltähnlichen Charakter verleihen.

Mit zunehmender Höhe wird das Klima kühler, und eine Pflanzenart nach der anderen scheidet durch Selektion aus, bis allein noch der Coigue vorherrschend ist, ohne irgendeinen Konkurrenten. Parallel zum Vormarsch der Arten mit lorbeerförmigen Blättern wird die Bedeutung der Nadelbäume immer größer: Der Manio *(Podocarpus nubigenus)*, der weibliche Manio *(Saxegthea conspicua)* die Alerce *(Fitzroya cupressoides)* - von sehr langsamem Wachstum und extremer Langlebigkeit (bis zu 4.000 Jahren) und der Len oder die Zypresse der Guaitecas *(Pilgerodendron uviferum)*.

Ein der Gebirgshöhe entsprechender Effekt ist auch bei zunehmendem Breitengrad zu beobachten. Der antarktische Einfluß wird stärker und zugleich durch die Ozeannähe gemildert, zum Nachteil der subtropischen Hochdruckgebiete. So wird das anfänglich gemäßigte, regnerische Klima mit warmem

Die Flora des Lorbeerwaldes von Missiones

Sommer zu einem gemäßigten, sehr regnerischen Klima mit kaltem Sommer.

Unter der einschränkenden Einwirkung von Kälte und übermäßig starken Niederschlägen - nährstoffarme Böden, schlechter Wasserabfluß -, wird der Lorbeerwald von Valdivia zusehends ärmer, bis er südlich des 48. Breitengrads vom sommergrünen Wald von Magellan abgelöst wird.

Dieser Wald weist eine Baumschicht auf, die zu 80% von einer einzigen Art beherrscht wird: der Südbuche von Magellan *(Nothophagus betuloides)*. Unter sehr günstigen Einflüssen erreicht sie 25m Höhe. In stark windigen Zonen oder auf felsigen Böden kann sie jedoch auch nur ein Gebüsch von nicht mehr als 4-5m ausbilden. In sehr kleinen Mengen gesellen sich Zimtbaum *(Drimys winteri)* und wildwachsender Holunder *(Pseudopanax laetevirens)* hinzu.

In seiner typischsten Ausbildung ist der Wald von Magellan besonder dicht und für den Menschen fast undurchdringlich, da seine Gesamtfläche von den Bäumen und ihren Trieben eingenommen wird. Das hat zur Folge, daß die Strauchschicht des Unterholzes kaum entwickelt ist, es sei denn auf Lichtungen oder am Waldesrand. Die Krautschicht besteht aus verschiedenen Arten von Kräutern, zu denen sich ein dichter Teppich von Moospflanzen, allen voran die Lebermoose, gesellen. Auf Baumstämmen, niedrigen Zweigen und totem Holz wuchern außer den Moospflanzen auch Farne. Diese werden vor allem von verschiedenen Arten der Gattung *Hymenophyllum* vertreten.

DER KANARISCHE LORBEERWALD

Die Kanarischen Inseln befinden sich bei 28° nördlicher Breite und 15° 30' westlicher Länge, an den Türen zur Wüste Sahara, wie man sagt. Wie ist es also möglich, daß es in so unmittelbarer Nähe zur Wüste einen Lorbeerwald gibt, also eine Waldgemeinschaft, die mehr oder weniger konstant einen erhöhten Grad an Feuchtigkeit benötigt? Nicht weniger erstaunlich ist es, daß auf der Insel Teneriffa, wo der kanarische Lorbeerwald am allerbesten gedeiht, er sich zwischen zwei Vegetationstypen befindet, die eindeutig anpassungsfähig an Trockenheit sind: für Küstenregionen typische Trockengewächse (Xerophyten) und Kiefernwälder. Der Widerspruch kann geklärt werden, wenn man die Interaktion zweier Faktoren in Betracht zieht: das Klima und das Relief der Landschaft.

Im Winter ziehen zyklonenartige, regenbringende Winde aus Nordwesten über die Inseln. Im Sommer jedoch sind die Polarwinde, von Hochdruckgebieten aus den Azoren herstammend, am einflußreichsten. Diese Winde führen in der Regel nicht zu Regenfällen. Aber das Relief der Inseln bedingt, daß die Luftmassen nach oben steigen, wodurch ein Wolkenteppich ausgebildet wird, der zwischen 500 und 1200 m Höhe für eine sehr feuchte Atmosphäre sorgt, und zwar an den Nordhängen und im Nordosten der westlichen Inseln (Teneriffa, La Palma, Gomera und Hierro). Die Südhänge erhalten viel weniger Niederschlag. Folglich ist hier die dem Lorbeerwald entsprechende Zone von einer xerophyten Vegetation bedeckt.

Der kanarische Lorbeerwald ist ein immergrüner Wald der gemäßigten Zone mit einer sehr dichten Baumschicht und einem wenig reichhaltigen Unterholz, das zum Hauptteil aus Farnen besteht. Für diese Waldgemeinschaft typische Bäume sind der Lorbeerbaum *(Laurus azorica)*, der Til *(Ocotea foetens)*, der Aguacate-Baum *(Persea indica)* und Barbusano *(Apollonias barbusana)*, der Erdbeerbaum *(Arbutus canariensis)*, die Stechpalme *(Ilex platyphylla)*, der Kreuzdorn *(Rhamnus glandulosa)*, usw. Ungefähr 20 Arten gehören zur Baumschicht.

In seinem Optimalzustand ist der Lorbeerwald ein sehr schattiger Wald, was die Ausbildung einer reichhaltigen Strauchschicht nicht begünstigt. Zu dieser Schicht zählen Arten wie Zwergbirnbäume *(Maytenus canariensis)*, Schneeball *(Viburnum rigidum)*, der Bergbaum *(Gesnouinia arborea)*, der Hahnenkamm *(Isoplexis canariensis)* und noch viele mehr.

Die Farne hingegen werden in ihrem Auftreten begünstigt, gerade wegen der Feuchtigkeit und Dunkelheit, die unterhalb der Kronenschicht herrscht. Als Beispiele seien hier *Woodwardia radicans, Athyrium umbrosum* und *Davallie canariensis* genannt.

Viele der nächstgelegenen Artverwandten der Pflanzen der kanarischen Inseln befinden sich in geographisch so weit entfernten Gebieten wie Südafrika oder Südamerika. Die Gattungen *Persea, Ocotea* und *Maytenus* zum Beispiel sind auch in den südamerikanischen Lorbeerwäldern vertreten. Das spricht für die sehr alte Abstammung dieser Flora. Eine andere interessante Tatsache ist, daß Fossilien von Pflanzen von vor ungefähr 20 Millionen Jahren (Tertiär) an verschiedenen Orten des Mittelmeerraums, im Kaukasus und selbst in der westlichen Zone des Himalaja nachgewiesen wurden, die denen, die heute auf den kanarischen Inseln leben, sehr stark ähneln oder sogar mit ihnen identisch sind.

Was ist in Europa und Afrika geschehen, daß es zum Verschwinden dieser Flora kommen konnte? Das hat sich ungefähr so zugetragen:

Damals war das Klima in Südeuropa wärmer und feuchter als heute. Die Vegetation, die die Ufer des alten Mittelmeeres umgab, muß dem aktuellen kanarischen Lorbeerwald sehr ähnlich gewesen sein. Als die Gletscherbildung des Quartärs eintrat und die Polarkappen sich ausbreiteten, was zum generellen Abkühlen des Klimas führte, zog sich die Flora Zentral- und Südeuropas auf der Suche nach milderen Bedingungen in tiefere Breiten zurück. Fast zeitgleich begann die Austrocknung Nordafrikas, was zur Ausbildung der heutigen Sahara-Wüste führte.

Viele dieser Arten starben aus, weil sie nicht das Hindernis überwinden konnten, das die Alpen und der Mittelmeerraum darstellten. Andere jedoch fanden

Die Flora des Lorbeerwaldes von Valdivia

Nothophagus dombeyi

Podocarpus nubigenus

Fitzroya cupressoides

Laurelia philippiana

Drimys winteri

Nothophagus betuloides

Eucriphia cordifolia

Weinmannia trichosperma

im makaronesischen Archipel - darunter den kanarischen Inseln - Zuflucht. Dort waren sie weit genug vom Gletschereis entfernt und durch den Ozean vor dem austrocknenden Einfluß der Wüste Sahara geschützt.

Mit der generellen Erwärmung der Atmosphäre und dem daraus resultierenden Rückzug des Eises versuchte die überlebende Flora des Tertiärs, ihren ehemaligen Einzugsbereich in Südeuropa zurückzuerobern. Aber das neue, nacheiszeitliche Klima war trockener als das des Tertiär. Angesichts dieser neuen Umweltbedingungen entwickelte sich die primitive, europäische Tropenflora und brachte die Flora der Hartlaubgewächse hervor, die heute im Mittelmeerraum anzutreffen ist. Daher haben also die euromediterrane Flora und die kanarische Flora denselben Ursprung.

Vom Kontinent abgeschnitten, erfuhr die primitive, kanarische Tropenflora jedoch eine unabhängige Entwicklung, was zur Ausbildung zahlreicher Endemismen geführt hat. Tatsächlich läßt sich feststellen, daß 50-55% der kanarischen Gefäßpflanzen ausschließlich im Archipel vorkommende Arten sind.

Flora des kanarischen Lorbeerwaldes

Die Vegetation der Hartlaubgewächse im Mittelmeerraum

DAS MEDITERRANE KLIMA

Zwischen der subtropischen Trockenzone, die fast permanent von Hochdruckgebieten heimgesucht wird, und der gemäßigten Region, in der es fast das ganze Jahr über stürmt, erstreckt sich eine Region, die von einem Zwischenklima geprägt ist: Die Regenfälle sind niemals ausgiebig, aber hin und wieder sturzbachähnlich. Sie konzentrieren sich auf die kühlsten Monate des Jahres und finden somit vor allem im Herbst oder Frühjahr statt. Dazwischen liegt eine trockene und warme Sommerperiode.

So ist das am Mittelmeer und in den umgebenden Ländern vorherrschende Klima beschaffen, und deshalb wird es mit dem Namen »mediterranes« Klima bezeichnet, obwohl es gar nicht ausschließlich in dieser geographischen Region auftritt. Gebiete mit ähnlichem Klima gibt es nämlich an der Westküste anderer Kontinente, zwischen 30 und 40° Breite, was ungefähr Kalifornien, Chile, Südafrika und Australien entspricht.

Das meteorologische Modell des Mittelmeerraums umfaßt ein breites Spektrum an Regen- und Temperaturbedingungen. Die Jahresdurchschnittsregenmengen können zwischen 200 mm und mehr als 1.500 mm liegen. Die Durchschnittstemperaturen können 4° C betragen oder noch kälter sein, oder auch gleich so tropisch heiß sein, daß sie über 19° C liegen.

Bei einem derart breiten klimatischen Spektrum verwundert es nicht, daß die Region eine große Artenvielfalt und viele Pflanzengemeinschaften beheimatet. Die Klimaxvegetation, die dem durchschnittlichen mediterranen Klima entspricht, besteht aus Sträuchern und Hartlaubgehölzen mit immergrünen Blättern.

MEDITERRANE PFLANZENGEMEINSCHAFTEN

Die Pflanzengemeinschaften der verschiedenen »mediterranen« Regionen haben die gleiche Erscheinungsform und reagieren in gleicher Weise auf das Klima. Da sie sich aber in verschiedenen Florenreichen befinden, sind die Arten, aus denen sie sich zusammensetzen, unterschiedlich.

EUROPA

Im eigentlichen Mittelmeerraum ist die Klimaxvegetation, die heutzutage durch verschiedene menschliche Eingriffe, wie Nutzung als Weidefläche, Landwirtschaft und direkte forstwirschaftliche Nutzung, stark dezimiert wurde, durch Hartlaubgehölze vertreten. Diese bestehen aus verschiedenen Arten des *Quercus* (Eiche, eine mit der nördlichen Buche, *Fagus,* und den verschiedenen südlichen Buchen, *Nothophagus,* verwandte Art), mit immergrünem Laub: Steineiche *(Q. ilex)* Korkeiche *(Q. suber)* und Kermeseiche *(Q. coccifera)*.

Unter den Waldgemeinschaften des Mittelmeerraumes ist die üppigste zweifelsohne diejenige der Steineiche. Der typische Steineichenwald ist von geringer Höhe, besonders dicht und in sich abgeschlossen.

Sein üppiges Wachstum, seine scheinbare Unveränderlichkeit im Laufe des Jahres - aus der Entfernung erscheint er aufgrund seines dunkelgrünen, immergrünen Laubes fast schwarz -, erinnern an die Tropenwälder, vor allem an Trockenwälder. Tatsächlich gibt es mehrere Merkmale, die er mit ihnen gemein hat:

1. das lorbeerförmige Blatt (wie das eines Lorbeerbaumes), hart und glänzend, immergrün.

2. das Vorhandensein mehrerer Waldstockwerke: eine Baumschicht, zwei Strauchschichten und eine Krautschicht.

3. Eine Vielzahl von Kletterpflanzen.

Aber auch die Unterschiede zeichnen sich sehr deutlich ab:

1. die geringe Höhe des Steineichenwaldes (10-15m).

2. kleine Blätter, was in Wäldern äußerst selten vorkommt, oder wenn, dann nur in den besonders trockenen.

3. vollkommenes Fehlen höherer Epiphytengewächse im Steineichenwald.

4. Vorherrschaft einer einzigen Art in der Baumschicht (und zwar der Steineiche selbst). Dies ist für einen Wald sehr ungewöhnlich. In ihm ist normalerweise eine sehr große Vielfalt an Baumarten vertreten.

In den trockensten und wärmsten Zonen des Mittelmeerraums macht der Wald Platz für ein ebenfalls hatblättriges Gebüsch, hoch und dicht, unter der Bezeichnung »Macchie« bekannt, mit Arten wie dem wilden Ölbaum *(Olea europea var. silvestris)*, dem Johannisbrotbaum *(Ceratonia siliqua)*, dem Mastixstrauch *(Pistacia lentiscus)*, der Kermeseiche *(Quercus coccifera)*, der Zwenke *(Brachypodium retusum)* und der einzigen in Europa beheimateten Palme: der Zwergpalme *(Chamaerops humilis)*.

AMERIKA

Bereits in der mediterranen Region Chiles gibt es zwei recht typische Gemeinschaften von Hartlaubgehölzen: (a) das baumartige Lorbeergebüsch (Mattoral), das sich entlang der Küstengebirgskette erstreckt und Arten wie den Peumo *(Criptocarya alba)*, den Boldo *(Boldea boldus)*, den Eichellorbeer *(Beilschmiedia miersii)*, den Litre *(Lithraea caustica)* und den Quillay *(Quillaja saponaria)* beheimatet, wobei hiermit nur die häufigsten erwähnt seien. (b) Daneben gibt

Vegetation der Hartlaubgewächse des Mittelmeerraumes

Chaperral (Kalifornien)

Macchie (Mittelmeerraum)

Matorral (Chile)

Steineichenwald (Mittelmeerraum)

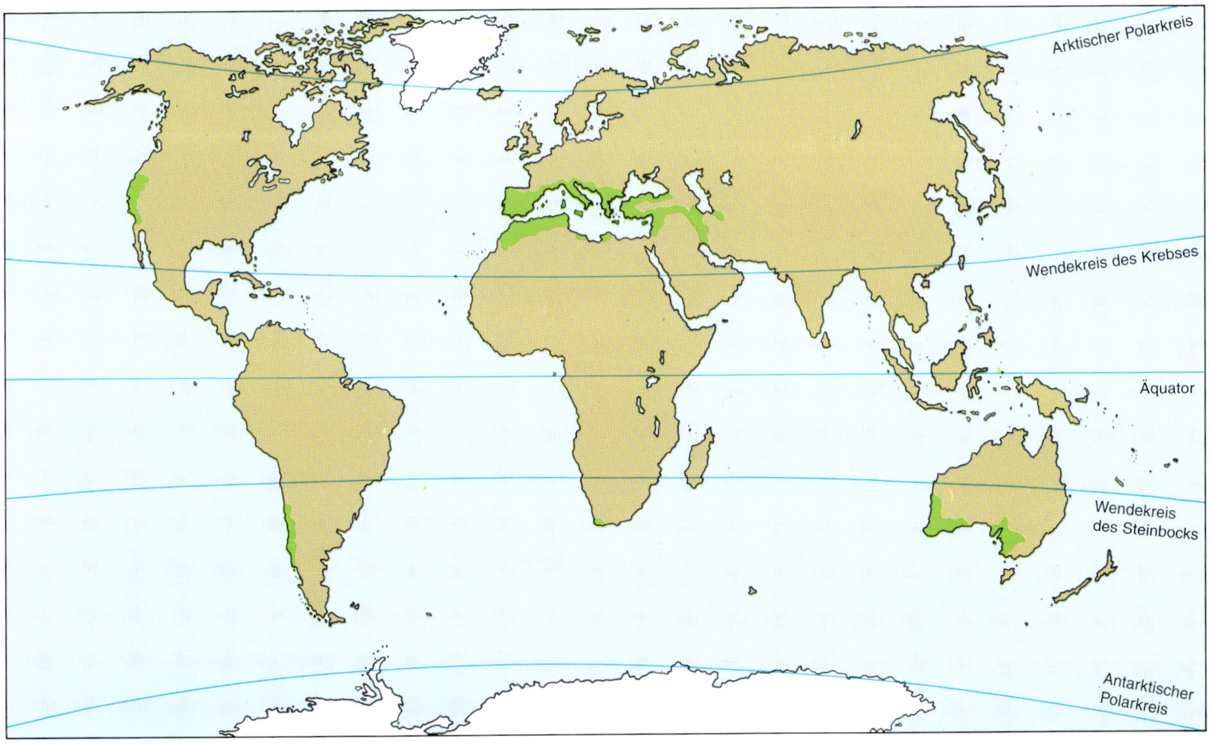

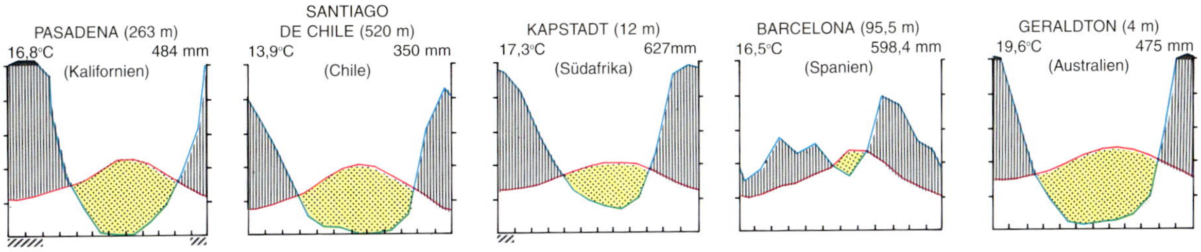

es die Akaziensavanne *(Acacia caven)*, die das zentrale Llano-Gebiet besiedelt, zwischen der Küstengebirgskette und den Anden.

Die zu den Akazien zählenden Bäume treten vereinzelt auf, in jeweils unterschiedlicher Entfernung zueinander. In ihrer Nähe befinden sich Straucharten des Matorral, immergrüne Süßgräser und viele einjährige Pflanzen, deren Blütezeit im Frühling ist und die bei der ersten Sommerhitze ganz schnell vertrocknen. Dort wo die Böden steiniger und trocken sind, wächst der Säulenkaktus *(Trichocereus chilensis)*, der Chagual oder der Puya Cardón *(Puya beteroniana)*, ein Kakteen- und ein Bromeliengewächs. Beide Familien sind ausschließlich im neotropischen Florenreich, zu der Südamerika zählt, anzutreffen.

Die Region der Hartlaubgewächse Kaliforniens zeichnet sich durch Eigenschaften aus, die denen der zwei zuvor genannten Regionen sehr ähnlich sind. Die natürliche Vegetation besteht dort aus einem baumähnlichen Gebüsch, dem Chaparral. Er bildet das Pendant zum chilenischen Matorral und zur Macchie des Mittelmeerraumes, der aus Chamizo *(Adenostoma fasciculatum)*, Säckelblume *(Ceanothus gregii)*, kleine Steineiche *(Quercus dumosa)*, Bärentraube *(Arctostaphylos glauca)* und einer langen Reihe von weniger weit verbreiteten Pflanzen besteht.

PHYSIOGNOMIE UND EIGENSCHAFTEN DER VEGETATION DER HARTLAUBGEWÄCHSE IM MITTELMEERRAUM

Die Faktoren, die das Wachstum der Pflanzen im Mittelmeerraum einschränken, sind die folgenden:

(1) Wasservorräte; (2) Sonnenscheindauer; und (3) Temperatur. Die sommerliche Trockenperiode des mediterranen Klimas ist tatsächlich hauptausschlaggebend für die spezifischen Merkmale der Mittelmeerregionen: eine Vegetation, in der hartblättrige, immergrüne Pflanzen vorherrschend sind.

ANPASSUNGEN AN WASSERMANGEL

Da sie sich keinerlei Wasserverlust leisten können, haben die Pflanzen Strategien eingeführt, um die Wasserverluste auf ein Minimum zu reduzieren. Aus diesem Grund ist ihre Blattoberfläche, also dort, wo eine erhöhte Gefahr unkontrollierten Wasserverlusts besteht, klein und wird zudem von einer dicken, gasundurchlässigen Kutikula überzogen. Deshalb sind die für Hartlaubgewächse charakteristischen Blätter klein, lederartig und glänzend.

Beispiele für diesen Typ sind im Mittelmeerraum die Eiche, der wilde Olivenbaum und die Zwenke. In Chile sind es der Peumo, der Quillay und der Litre, ein Hartholzbaum, und in Kalifornien der Chamizo, die Säckelblume und die kleine Steineiche. Generell weisen die Blätter der Sklerophyllen nur an ihrer Unterseite Spaltöffnungen auf. Je nach der im Boden vorhandenen Wassermenge können sie die Spaltöffnung regulieren. Außerdem kommt es nicht selten vor, daß die gesamte Unterseite des Blattes von einer Behaarung bedeckt ist (bei der Steineiche, dem Litre, der kleinen Steineiche und der Säckelblume), welche die Luftauffrischung an den Spaltöffnungen verhindert und somit noch zusätzlich die Verdunstung verringert. In anderen Fällen - zum Beispiel bei der Zwenke - rollt sich das bereits kleine Blatt an seiner Rückseite ein und bildet eine röhrenförmige Kammer, die eine ähnliche Wirkung wie die Behaarung hat.

Eben diese Notwendigkeit, Wasser zu sparen, erklärt das andere typische Merkmal der Hartlaubgewächse: das immergrüne Blatt. Während der sommerlichen Trockenperiode tritt wenig Transpiration an den Blattoberflächen auf. Allerdings kommt es zu Problemen bei der Nahrungszufuhr, weil die Lieferung von Mineralsalzen an die Blätter ebenfalls stark eingeschränkt ist. Aufgrund dieser Sachverhalte erweist es sich als vorteilhaft, das Laub über die Herbst- und Wintermonate zu behalten. Zu einem gelegenen Zeitpunkt ermöglichen nämlich die größere Menge an Wasservorräten und die verhältnismäßig milden Temperaturen eine zusätzliche Produktion. Würden die Blätter abgeworfen, käme es dazu nicht.

Im Einzugsgebiet der mediterranen Hartlaubgewächse (Sklerophyllen) leben auch weniger hartblättrige Pflanzen, zum Beispiel die im Mittelmeerraum anzutreffenden Zistrosen *(Cistus sp.)*, oder die Sukkulenten, der Säulenkaktus und die Bromelie in Chile oder die Palmlilien *(Yucca sp.)* in Kalifornien. Alle Arten entwickeln sich jedoch in trockenen Klimazonen besser und sind nur in den wärmsten Zonen des Mittelmeerraumes und in Halbwüstengebieten (extramediterrane Gebiete) wirklich zahlreich vertreten.

Andere Eigenschaften der Vegetation der Hartlaubgewächse des Mittelmeerraums sind ebenfalls auf den Wassermangel zurückzuführen. Das im Vergleich zu den gigantischen Bäumen in den Wäldern der gemäßigten Zone geringe Wachstum der mediterranen Bäume ist auf deren sparsamen Umgang mit Wasser zurückzuführen. Diese Sparsamkeit schränkt die Photosynthese und somit auch das Wachstum der Pflanzen ein. Die Tatsache, daß eine Vielfalt an Sträuchern in den trockensten Gegenden den Baumbestand vollständig ablöst, hängt ebenfalls mit der Trockenheit zusammen: Sträucher haben tiefere Wurzeln, und die Trockenheit wirkt auf sie anders als auf Bäume. Aus diesem Grund gibt es nur sehr wenige natürliche Grasflächen. Diese Pflanzen, deren Wurzeln nicht sehr tief reichen, leben nämlich nur dort, wo die oberflächliche Schicht des Bodens während der Wachstumsperiode beständig feucht bleibt. Die Wiesen im Mittelmeerraum bestehen aus Pflanzen, die strohgelb aussehen und sich der Trockenheit angepaßt haben.

Macchie und Steineichenwald (Mittelmeerraum)

Es ist auch sehr wichtig, daß es sich hierbei in erster Linie um einjährige Arten handelt: Sie entstehen im Herbst und am Ende des Winters. Wenn die sommerliche Dürre Einzug hält, haben sie bereits Samen produziert und sterben. Den gegen die Trockenheit widerstandsfähigen Samen bleibt es überlassen, die Art fortzuführen.

DAS FEUER UND DIE MEDITERRANE VEGETATION

Das Feuer, das ein für die Trockenperiode typisches Problem ist und zeitgleich mit dem Erreichen der Jahreshöchsttemperaturen auftritt, war und ist ein ökologisch entscheidender Faktor für die Entwicklung der Vegetation der Hartlaubgewächse im Mittelmeerraum. Daß es schon seit Urzeiten zu Waldbränden gekommen sein muß, belegen viele Anpassungen der Pflanzen, die zum Zweck haben, seine zerstörerische Wirkung zu überleben.

Die Pflanzenarten, die fähig sind, die Wirkung des Feuers gänzlich zu überleben, lassen sich an einer Hand abzählen. Die Palmen - unter ihnen die Zwergpalme - bilden eine dieser Ausnahmen: Ihr Stamm ist gegen das Feuer widerstandsfähig, und die Blätter schützen den Wachstumsbereich, so daß sie schon wenige Monate nach einem Waldbrand erneut an ihrer Spitze ausschlagen.

Gewöhnlich verhält es sich so, daß der an der Luft befindliche Teil der Pflanze zerstört bleibt und die Pflanze aufgrund von unterirdischen Organen überlebt. Die Kermeseiche, die Steineiche und der Mastixstrauch sind Pflanzenarten des Mittelmeerraums, die nachweislich die Fähigkeit besitzen, nach einem Waldbrand erneut Knospen zu treiben. Andere sterben, jedoch ihre feuerwiderstandsfähigen Samen bleiben erhalten. So verhält es sich mit den Jaras im Mittelmeerraum, mit den Trevos *(Trevoa trinervis)* in Chile oder mit dem Chamizo und der Säckelblume im kalifornischen Chaparral.

Die »Erfindung« nichtbrennbarer Samen wird vor allem von den sog. Pyrophyten genutzt: Dies sind Pflanzen, die nicht nur vom Feuer verschont bleiben, sondern sogar selbst dem Feuer nachhelfen, um andere, mit ihnen in Konkurrenz stehende Pflanzen aus ihrem Lebensraum zu vertreiben. Die Pinien, die mit leicht brennbarem Harz bedeckt sind, stellen ein für einen Pyrophyten typisches Beispiel dar. Die Aleppo-Kiefer *(Pinus halepensis)* verdankt ihre Verbreitung im Mittelmeerraum ebendieser Eigenschaft.

Dies bedeutet natürlich nicht, daß die verschiedenen mediterranen Pflanzengemeinschaften gegen das Feuer immun wären. Ein Aleppo-Kiefernwald benötigt zwischen 25 und 30 Jahre, um sich von einem Waldbrand zu erholen. Kommt es in diesem Zeitraum zu einem erneuten Angriff der Flammen, ist die Regenerierung unmöglich. Aus diesem Grund verarmt der kalifornische Chaparral, wenn Waldbrände in weniger als Zweijahresabständen auftreten.

Es besteht also kein Zweifel, daß die mediterrane Vegetation sich an Waldbrände angepaßt hat. Wiederholen sich diese jedoch mit einer gewissen Häufigkeit, wie es heutzutage bei den von Menschen verursachten Waldbränden der Fall ist, so bleibt die Pflanzendecke des Bodens für immer zerstört. Erosion macht sich bemerkbar und das letztendliche Ergebnis ist die Wüstenbildung.

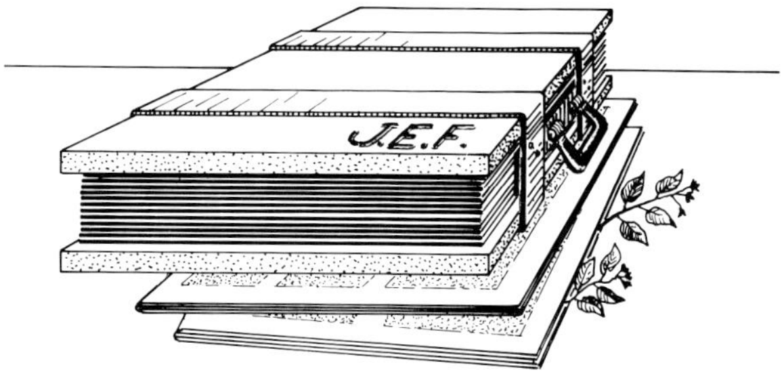

Adenostoma fasciculatun
Quercus dumosa
Arctostaphylos glauca
Ceanothus gregii
Criptocarya alba
Acacia caven
Quilaja saponaria
Lithraea caustica

Die sommergrünen Laubwälder der gemäßigten Zonen

DAS KLIMA IN DEN WALDGEBIETEN EUROPAS

Nördlich des Mittelmeerraums, zwischen dem 40. und 55. Breitengrad, liegt ein großer Teil des europäischen Festlandes genau im Einzugsbereich der vom Nordatlantik kommenden Polarstürme. Die Durchschnittstemperaturen sind niedriger als im benachbarten Mittelmeerraum. Vor allem in den im Landesinneren gelegenen Gebieten, wo das Klima nicht von der unmittelbaren Nähe des Atlantischen Ozeans bestimmt wird, sind die Sommer warm und die Winter kalt. Der Niederschlag fällt reichlich und gleichmäßig übers Jahr verteilt, ohne Unterbrechung durch die im Mittelmeerraum langanhaltende Sommerdürre. Sommergrüne Laubwälder, das genaue Gegenteil der immergrünen und hartblättrigen Wälder des europäischen Mittelmeerraums, sind hier vorherrschend.

Zusätzlich zu diesen unterschiedlichen Regionen gibt es noch die klimatisch gemilderte submediterrane Zone. Hier gibt es weder den strengen Winter Mitteleuropas noch die mediterrane Trockenperiode, die sich höchstens durch eine kurze weniger feuchte Periode zur Hochsommerzeit bemerkbar macht. Auch hier sind die sommergrünen Laubwälder vorherrschend, obwohl deren Baumbestand und Struktur - ganz besonders ein verstärktes Auftreten von Trockengewächsen - den Einfluß des Mittelmeers belegen.

DIE SUBMEDITERRANEN WÄLDER UND DIE LAUBWÄLDER EUROPAS

Der typischste Wald im submediterranen Bereich ist der Eichenwald. Die Flaumeiche *(Quercus pubescens)* bildet mit verschiedenen anderen Baumarten einen Mischwald. Der aus Eichen und Buchsbaum *(Buxus sempervirens)* - ein Strauch mit immergrünen, zähen Blättern - oder aus Eichen und Alderfarn *(Pteridium aquilinum)* - ein bis zu zwei Meter hohes Farnkraut - bestehende Eichenmischwald mag uns als Beispiel dienen.

In der nordwestlichen Region der iberischen Halbinsel, eine Zone gemäßigten und feuchten Klimas, ist der für den Submediterranraum typische Eichenwald durch eine sehr ähnliche Baumart vertreten: Die Pyrenäen-Eiche *(Quercus pyrenaica)*, die auf kieselhaltigem, nährstoffarmen Boden wächst.

Der typischste Laubbaum ist zweifelsohne die Buche *(Fagus silvatica)*, die in ganz Mitteleuropa weitläufige Waldflächen besiedelt. In den westlicher gelegenen Buchenhainen, in der Nähe des Atlantiks, wächst sie zusammen mit der Stechpalme *(Ilex aquifolium)* - einem niedrigen Baum oder hohen Strauch, mit immergrünen Blättern - oder mit der Eibe *(Taxus baccata)*, einem Nadelbaum. Zumeist jedoch stößt man auf reine Buchenwälder mit 100% Buchenbaumbestand und einer großen Artenvielfalt an Kräutern.

Andere Laubwälder, die sich auf weitläufige Flächen Zentraleuropas erstrecken, sind Wälder aus Stiel- und Traubeneiche *(Quercus robur und Q. petrea)*. Stieleichenwälder wachsen auf tiefem, nährsalzhaltigem Boden, Traubeneichenwälder auf saurem, nährstoffarmem Boden. Zu ihnen zählen vor allem Baumarten wie die Esche *(Fraxinus excelsior)*, Linde *(Tilia cordata, T. platyphyllos)*, Ahorn *(Acer campestre, A. pseudoplatanus)*, Ulme *(Ulmus glabra, U. minor, U. scabra)*, Haselnußstrauch *(Corylus avellana)* und die europäische Hainbuche *(Carpinus betulus)*. Auch die Birkenwälder *(Betula pendula, B. pubescens)*, die vor allem im Landesinnern, in den kälteren Gegenden, anzutreffen sind, dürfen in dieser kurzen Aufzählung nicht vergessen werden.

DAS KLIMA IN DEN WALDGEBIETEN SÜDAMERIKAS

Anders als auf der nördlichen Erdkugel sind in den südlichen Ländern die sommergrünen Laubwälder nur sehr wenig vertreten. Allein in Neuseeland und im südlichen Teil der Anden in Lateinamerika gibt es diese Art von Wäldern. Der Mangel an sommergrünen Laubwäldern in den südlichen Ländern hängt mit den geographischen Gegebenheiten der Region zusammen. Ab dem 40. südlichen Breitengrad wäre eigentlich mit einem verstärktem Vorkommen von laubabwerfenden Bäumen zu rechnen. Dort aber stoßen die Westwinde auf die Anden-Gebirgskette. Diese beginnt schon in unmittelbarer Nähe des Pazifiks und bedingt das extrem feuchte und gleichbleibend warme Ozeanklima, in dem immergrüne Waldsträucher gedeihen. Gäbe es die Andenkette nicht, wären wahrscheinlich viele der Steppen und Halbwüsten Patagoniens (eine den südlichen Polarwinden stark ausgesetzte Hochebene im Süden Argentiniens) laubabwerfende Laubwälder.

DIE LAUBWÄLDER SÜDAMERIKAS

Es ist also nicht verwunderlich, daß die sommergrünen Laubwälder Südamerikas sich im östlichen Gebirgsteil der Anden befinden. Diese Gegend liegt dem Wind abgewandt, ist weniger feucht, deutlicheren Klimaschwankungen ausgesetzt und somit eher als kontinental zu bezeichnen. Im Gebirgsteil, der dem Pazifik zugewandt ist, sind Laubwälder nur in höheren Lagen anzutreffen.

Sie bilden einen Vegetationsteppich zwischen den Lorbeerwäldern und den Lebensräumen der Andenwiesen.

Die hauptsächlich anzutreffenden Baumarten in der Andenregion sind die Südbuchen Lenga *(Nothophagus pumilio)* und Hirre

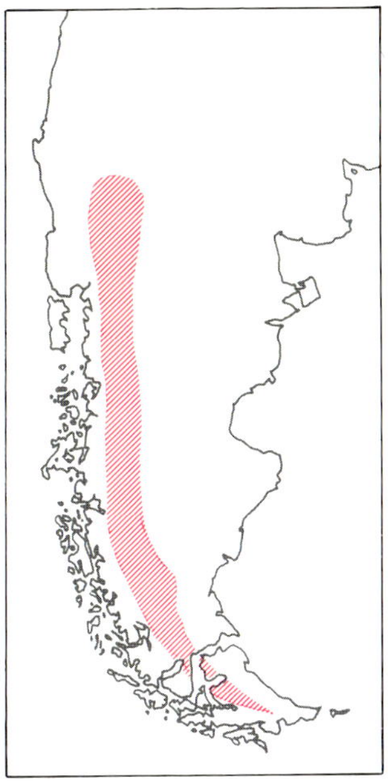

Nothophagus pumilio

Nothophagus antarctica

Fagus sylvatica

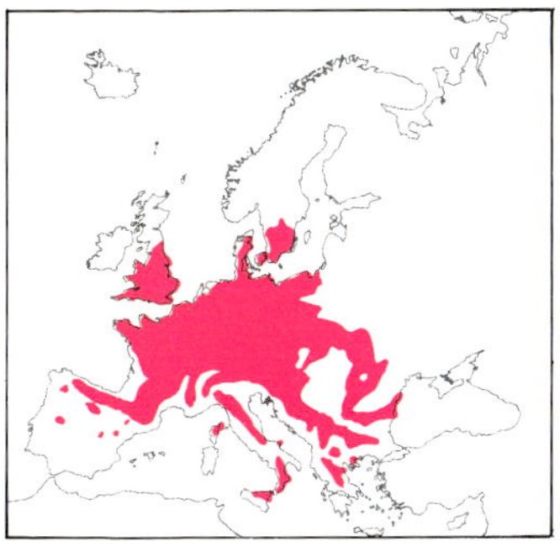

Quercus robur

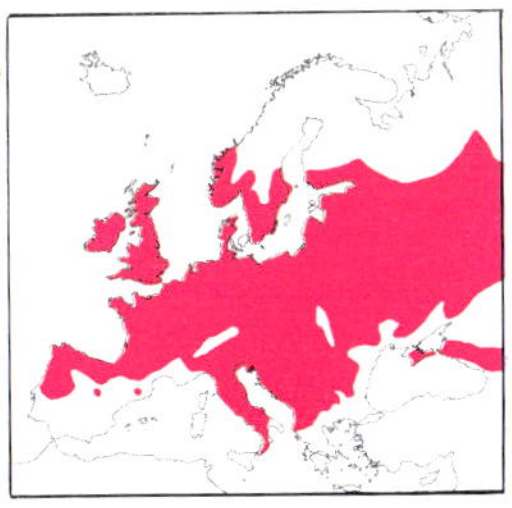

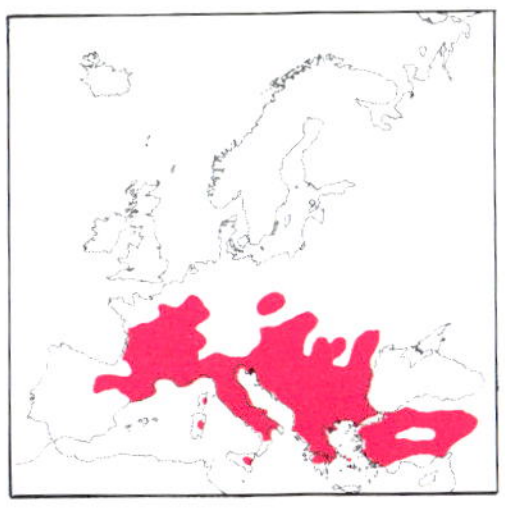

Quercus pubescens

Quercus petrea

Quercus pyrenaica

(*Nothophagus antarctica*). Beide Arten sind mit der nordischen Buche (Familie *Fagaceae*) verwandt. Die Lenga stellt den Großteil der Kronenschicht, die in Bodennähe von einer artenreichen Flora umgeben ist. Die Andenwälder ähneln daher in ihrer Physiognomie sehr den mitteleuropäischen Buchenwäldern. Die Nirre hingegen ist eher selten anzutreffen. Sie bildet ihre baumartigen Büsche oder niedrigen Wälder hauptsächlich in Gebieten, deren klimatische Bedingungen für die Lenga zu extrem sind. Dies ist im Grenzgebiet zwischen den Lengawäldern und der Steppe Patagoniens mit ihren trockenen Böden und starken Winden ebenso der Fall wie in Gebieten mit überfeuchten und schlecht entwässerten Böden.

STRUKTURELLE UND BIOLOGISCHE EIGENSCHAFTEN DER SOMMERGRÜNEN LAUBWÄLDER

Beim Vergleich der immergrünen mediterranen Wälder mit den sommergrünen Laubwäldern fallen sofort zwei grundlegende Unterschiede auf. Der erste und augenfälligste ist der tiefgreifende Wandel des Erscheinungsbildes, den der sommergrüne Laubwald im Laufe eines Jahres vollzieht, im Gegensatz zur grünen Beständigkeit des mediterranen Waldes. Dieser ist das ganze Jahr über aktiv, während der sommergrüne Laubwald bei Eintritt des Winters seine Blätter verliert und eine lange Ruhephase beginnt, die sich bis zum Frühling hinzieht und alle Teile des Baums betrifft. So unterbricht das für die Holzbildung und somit die Ausdehnung des Stammdurchmessers zuständige Kambium seine Aktivität gegen Ende des Sommers, um sie erst Anfang des Frühjahrs wieder aufzunehmen. Dies äußert sich in den Jahresringen, die im Stammquerschnitt auf den ersten Blick erkennbar sind. Bei der Buche sind diese Ringe besonders deutlich sichtbar, da das Holz im Frühling nicht, wie im Sommer oder Herbst, eine dunkle Farbe aufweist. Unter dem Mikroskop ist zu erkennen, daß das Frühlingsholz eine größere Anzahl von Leitungsgefäßen aufweist. Beim Sommer- und Herbstholz sind diese Poren von geringerem Durchmesser und innerlich »verholzt«, was die dunklere Farbe erklärt. Diese Unterschiede sind Ausdruck der sich im Verlauf der Jahreszeiten wandelnden physiologischen Bedürfnisse des Baums; der Frühling ist die Zeit des intensiven Wachstums und somit eines hohen Wasserbedarfs an den jeweiligen Verbrauchsstellen. Im Sommer hingegen besteht die Hauptaufgabe in der Stärkung und Härtung des Stamms.

Der zweite Unterschied betrifft die unterschiedliche Physiognomie der in den beiden Waldtypen vorkommenden Pflanzenarten. Beim Übergang vom mediterranen Steineichenwald zum sommergrünen Buchenwald ist einerseits die zunehmende Verringerung des Anteils an Holzgewächsen wie Bäumen oder Sträuchern, andererseits die wachsende Bedeutung der Krautvegetation zu beobachten. In dieser Hinsicht sind die mediterranen Wälder der Dschungelvegation der Tropen sehr ähnlich.

DIE KONKURRENZ ZWISCHEN MEDITERRANER UND SOMMERGRÜNER VEGETATION

Die hartblättrigen Wälder des europäischen Mittelmeerraums sind hervorragend an die Sommerdürre angepaßt und verkraften den Wasserverlust über ihre Blätter ohne weiteres. Die Buche hingegen hat weiche, fast durchscheinende Blätter mit einer relativ großen Blattsspreite und sehr feiner Kutikula. Daher ist für sie der Wasserhaushalt nur bedingt regelbar, und die Widerstandskraft dieser Baumart gegen Dehydrierung bei starker Sonneneinstrahlung und begrenzter Wasserzufuhr ist erheblich geringer als die der Steineiche. Zum Vergleich: Buchen transpirieren ca. 4.000 Tonnen Wasser pro Jahr und Hektar, fast viermal so viel wie Steineichen. Deshalb ist die Buche im Mittelmeerraum, wo das Wasser der bestimmende Umweltfaktor ist, kaum verbreitet. Nur vereinzelte Buchen sind dort anzutreffen. Sie verdanken ihre Existenz den Nebeln und Wolken, die während der Sommermonate wie eine Art Sonnenschirm die Transpiration verringern.

Eine andere Frage ist, warum sich die mediterranen Hartlaubwälder nicht weiter nach Norden ausdehnen. Man könnte meinen, die dort im Winter herrschende Kälte sei dafür verantwortlich. Eine z.B. in Polen angepflanzte Steineiche würde den dortigen harten Winter nicht überleben. Vielmehr verliert die Steineiche in der submediterranen Region mit ihren relativ gemäßigten Wintertemperaturen gegenüber den sommergrünen Laubbäumen mehr und mehr an Boden.

Vergleichen wir nun erneut den Steineichen- und Buchenwald, den vielleicht am gründlichsten erforschten sommergrünen Laubwald. Im Eichenwald ernährt eine Tonne Blattwerk ca. 28t Biomasse (Äste, Stamm, Blätter), im Buchenwald reicht dieselbe Blattmenge für 52t Biomasse. Ein weiterer Vergleichspunkt: Pro Gramm, das in die Laubbildung investiert wird, erreicht die Buche eine dreimal größere photosynthetische Oberfläche als die Steineiche. Das erklärt die höhere Effektivität der Buche, was die Energieverwertung anbelangt.

Die Steineiche kann zwar, weil sie ihre Blätter das ganze Jahr hindurch trägt, mehr Materie produzieren als die Buche. Jedoch leidet sie während der Sommermonate gewissermaßen an Hunger, da sie ihre Stomata (die Spaltöffnungen der Blätter) nicht vollständig öffnen kann. So ist zu verstehen, daß eine Mäßigung der sommerlichen Trockenheit, die die sklerophyllen Baumarten begünstigt, die immergrünen Laubbäume allmählich zur vorherrschenden Spezies macht.

DIE ANPASSUNG DER SOMMERGRÜNEN LAUBBÄUME AN DIE KÄLTE

Der für Laubwälder typische herbstliche Laubabwurf ist ein deutliches Anpassungmerkmal zum Schutz vor Kälte, besonders vor Eis. Die zarten Buchenblätter würden sonst wahrscheinlich durch die Eiskristalle zerstört, und sommergrüner Laubwald der gemäßigten Breiten: Buchenwald

mediterraner Hartlaubwald: Steineichenwald

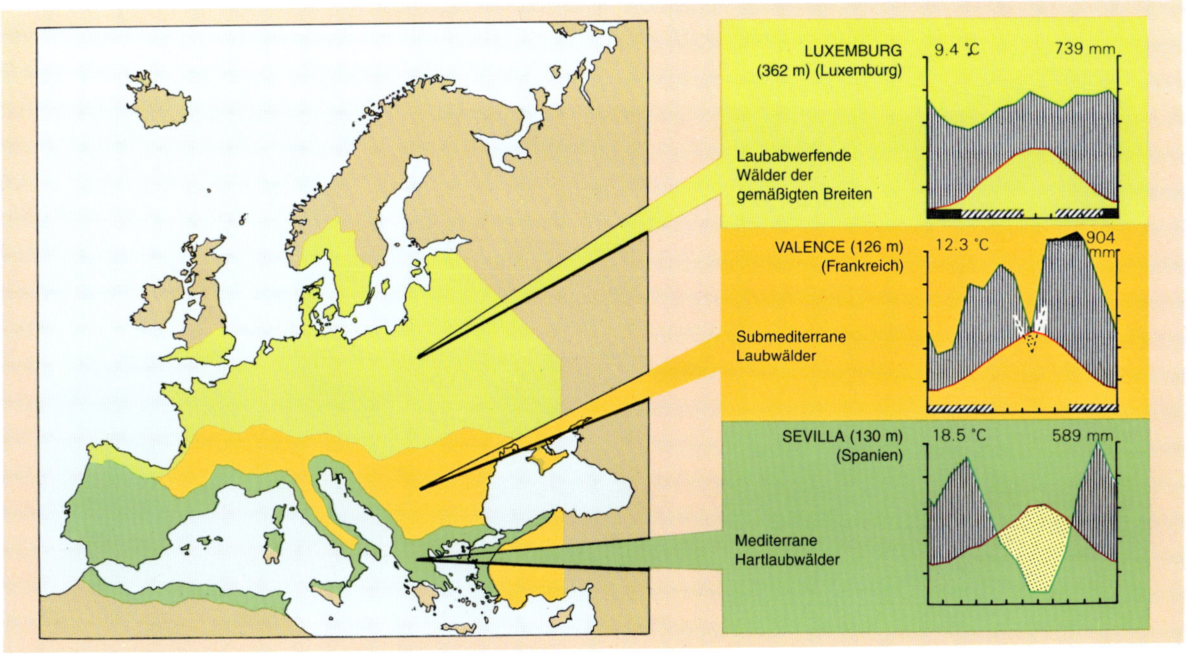

gleichzeitig wird das Austrocknen der Blätter vermieden. Würde das Blatt konserviert, so wäre trotz der geringen Transpiration die Gefahr des Vertrocknens enorm groß, da die Wurzeln der Bäume das gefrorene Wasser nicht aufnehmen können. Ein gefrorener Boden bietet einer Pflanze ebensowenig Nährstoffe wie ein Wüstenboden.

Im Winter verharren die sommergrünen Laubbäume in einem Ruhezustand. Wenn im Frühling die klimatischen Bedingungen wieder günstiger werden, produzieren sie frische Blätter und beginnen erneut mit der Photosynthese. Diese neuen Blätter entstehen aus den Knospen, die im Herbst als Vorstufe des Laubs erzeugt wurden und die Winterkälte überstanden haben. Um die dafür nötige Widerstandskraft aufzubringen, »dehydrieren« die Knospen, d.h. sie geben zu Beginn der Winterphase Wasser ab und vermindern so die Gefahr der Eisbildung in den empfindlichen Keimgeweben. Wie man aus der Chemie weiß, wird in einer konzentrierten Lösung der Gefrierpunkt gesenkt. Genau dieses chemisch-physikalische Prinzip macht sich die Pflanze zunutze, um einige für sie lebenswichtige Organe vor der Zerstörung zu bewahren. Die dehydrierten Buchenknospen können so Temperaturen bis -24° C überstehen, ohne zu gefrieren. Auf diesem Gebiet ist allerdings die Birke unübertroffen; sie hält Temperaturen bis -40° stand.

DIE SOMMERGRÜNEN LAUBBÄUME UND DAS LICHT

Buchenwälder sind während der Vegetationsperiode sehr dicht bewachsen und lichtarm. In einem solchen Wald erreichen ganze 2% des außerhalb des Waldes gemessenen Lichts den Boden. Drei Meter unterhalb der Baumwipfel sind bereits fast 90% des einfallenden Lichts absorbiert. Das ist angesichts der Größe der Blätter, die sich zudem in horizontaler Richtung ausdehnen, nicht verwunderlich. Sie bilden eine Art Plattform, die den größten Teil des Lichts absorbiert. Der verbliebene, spärliche Rest kann für die bodennahen Pflanzen (dazu gehören auch die Keimlinge der Buche) zum Mangelfaktor werden. Bleibt die Lichteinstrahlung während einer gewissen Zeit permanent gering, so kann die Photosynthese die Atmung der Blätter nicht kompensieren. Die Blätter verlieren an Masse und fallen früher oder später ab. Deshalb gibt es verschiedene Baumarten, darunter auch die Buche, die besonders gut darauf eingestellt sind, bei relativ geringem Lichtangebot zu existieren.

Bei der Buche sind diese Anpassungserscheinungen gut zu erkennen. Vergleicht man die Blätter im Wipfelbereich des Baums, die ja unmittelbar der Sonneneinstrahlung ausgesetzt sind (Sonnenblätter), mit den Blättern an den unteren Ästen (Schattenblätter), so stellt man fest, daß letztere wesentlich weniger atmen. Sie erreichen den Kompensationspunkt zwischen Atmung und Photosynthese bei geringerer Lichtintensität und können das Licht wesentlich effektiver nutzen. Diese physiologischen Unterschiede zwischen Sonnen- und Schattenblättern drücken sich in ihrer unterschiedlichen Physiognomie aus. So sind die Sonnenblätter kleiner als die Schattenblätter, haben eine dickere Kutikula und verfügen über eine größere Zahl an Stomata pro Oberflächeneinheit. Diese und weitere Merkmale lassen vermuten, daß die Sonnenblätter in der Lage sind, extremen Witterungseinflüssen zu widerstehen (direkte Sonneneinstrahlung, große Temperaturunterschiede) und somit als eine Art Schutzschirm für die unteren Blätter agieren.

Ähnliche lichtbedingte Anpassungserscheinungen (Verringerung der Atmungsintensität) sind beim Waldsauerklee *(Oxalis acetosella)*, dem Waldmeister *(Asperula odorata)* und bei den Farnen anzutreffen. Andere Arten, wie etwa die mit immergrünen Blättern, leben während der Sommermonate von den im Frühling und Herbst (d.h. jeweils vor und nach der Laubperiode des Buchenwalds) angesammelten Reserven. Zu dieser Gruppe gehört unter anderem die Sternmiere *(Stellaria holostea)*.

Viele Krautgewächse, die im Umfeld des Buchenwalds vorkommen, umgehen allerdings die schwierigen Lichtbedigungen der Sommermonate, indem sie ihren Vegetationszyklus in die Vorsommerzeit vorverlegen. Dies ist die Strategie der Zwiebel- und Knollenpflanzen (Frühlingsgeophyten), wie z.B. des hyazinthenähnlichen Blausterns *(Scilla lilio-hyacinthus)* und des Buschwindröschens *(Anemone nemoroso)*. Diese nutzen das helle Frühlingslicht für den Austrieb und gleichzeitig zur Anhäufung stiller Reserven in ihren unterirdischen Knollen. Wenn die Buche mit dem Austreiben der Blätter beginnt, haben diese Pflanzen ihren Vegetationszyklus bereits vollzogen.

BIOLOGISCHE TYPEN
Phanerophyten
Chamäphyten
Hemikryptophyten
Kryptophyten
Therophyten
%
50
100
Steineichenwald
Eichenwald
Buchenwald

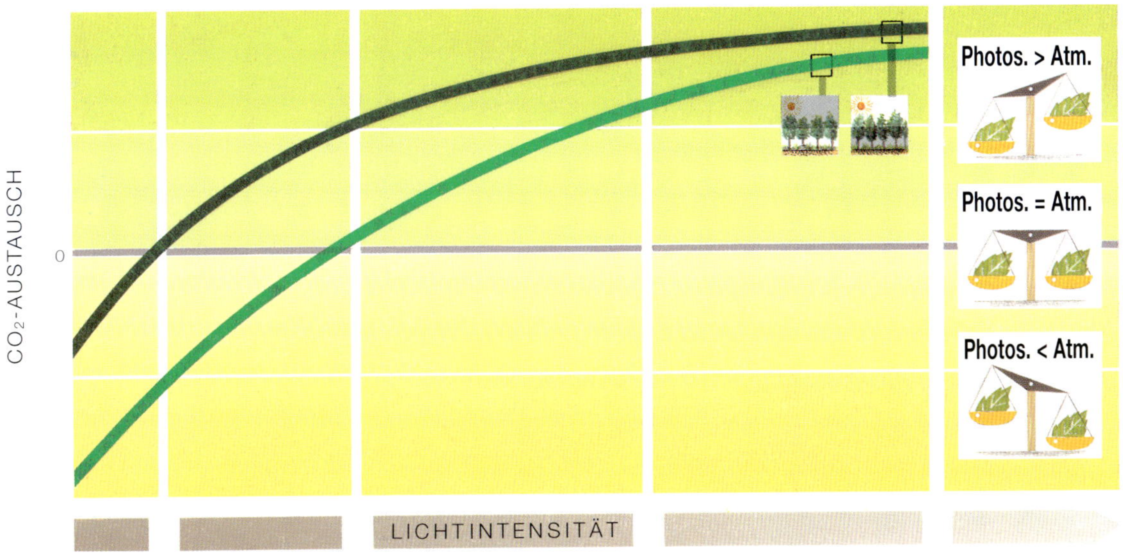
CO_2-AUSTAUSCH
0
LICHTINTENSITÄT
Photos. > Atm.
Photos. = Atm.
Photos. < Atm.

Die Nadelwälder

DAS KLIMA DER SUBARKTISCHEN REGION

Die borealen Gebiete zwischen dem 50. und 65.-70. nördlichen Breitengrad stehen heute fast permanent unter dem Einfluß sehr kalter Polarluftmassen. Es sei hier daran erinnert, daß sich die Erde nicht in allen Breitengraden gleichmäßig erwärmt. Dies ist auf die unterschiedliche Verteilung der Sonnenstrahlung aufgrund der Kugelform unseres Planeten zurückzuführen (siehe S.12).

In diesen Regionen sind die Winter extrem hart und lang, die Sommer hingegen kurz und kühl. Die Kälteperiode mit monatlichen Durchschnittstemperaturen um 0° C dauert meist länger als sechs Monate, wobei die Möglichkeit sporadischer Fröste fast das ganze Jahr hindurch gegeben ist (weniger als 120 Tage mit einer Durchschnittstemperatur von 10° C).

Es bestehen jedoch enorme Unterschiede zwischen den Küstengebieten und den kontinentalen Regionen im Landesinnern. Die Nähe zum Meer führt in den Küstengebieten zu einer Mäßigung der Temperaturschwankungen, und die Niederschläge sind besonders im Herbst und Winter vergleichsweise ergiebig. In den Gebieten im Herzen der Kontinente, wie etwa Sibirien und Kanada, ist das Klima mit Temperaturschwankungen von bis zu 100° C im Laufe eines Jahres extrem kontinental. So erreicht die Lufttemperatur im Winter durch den Kontakt mit dem Schnee extreme Tiefstwerte, wodurch sich jeweils relativ stabile Hochdruckgebiete mit kalter und trockener Luft bilden, die den Niederschlagswolken den Weg versperren. In Sibirien werden im Januar Durchschnittstemperaturen von bis zu -51° C gemessen, die Tiefsttemperaturen betragen bis zu -78° C. Im Sommer zieht sich das Hochdruckgebiet in nördliche Richtung zurück, die Temperaturen steigen, und unter dem Einfluß der polaren Stürme nimmt die Zahl der Niederschläge zu.

Unter diesen klimatischen Bedingungen dehnt sich ein Gürtel aus Nadelwäldern aus, der fast die gesamte nördliche Hemisphäre umspannt. Ein solcher Waldtyp ist in der südlichen Hemisphäre nicht anzutreffen, da in den entsprechenden Breiten die Ozeane die Erde bedecken. Das am südlichsten gelegene Festland gehört zu Südamerika und erstreckt sich lediglich bis zum 56. südlichen Breitengrad.

DIE TAIGA

Die nördlichen Nadelwälder des eurasischen Kontinents werden als Taiga bezeichnet. Im Unterschied zur großen Vielfalt an Nadelgehölzen in den nördlichen Wäldern Nordamerikas ist die Taiga trotz ihrer immensen Ausdehnung sehr monoton. Im weitaus größten Teil der Taiga dehnt sich der Rotfichtenwald *(Picea abies)* aus. In trockeneren Gebieten wird dieser von Waldkiefernwäldern *(Pinus silvestris)* abgelöst. In Sibirien räumt die Rotfichte ihren Platz für eine verwandte Spezies, die Sibirische Fichte *(Picea obovata)*, die Richtung Osten langsam verschwindet und Lärchen *(Larix sibirica und Larix dahurica)* Platz macht.

Im typischen Fichtenwald besteht die Kronenschicht zum Großteil aus der Fichte selbst, die in Bodennähe von einer Vielfalt an Krautgewächsen und Moosen begleitet wird. Zu den typischen Arten zählen hier unter anderem: *Vaccinium myrtillus, Linnaea borealis, Oxalis acetosella, Moneses uniflora, Maianthenum bifolium* sowie der Bärlapp *(Licopodium sp.)*.

DIE KONKURRENZ ZWISCHEN SOMMERGÜNEN LAUBBÄUMEN UND NADELHÖLZERN

Die entscheidende Frage lautet: Warum breiten sich die sommergrünen Laubwälder nicht weiter nach Norden aus, wo sie doch offenbar so gut an winterliche Klimabedingungen angepaßt sind? Für diese Baumarten sind die winterlichen Temperaturen der Taiga zunächst nicht der bestimmende Faktor, da sie ja für eine gewisse Zeit in einem Ruhezustand verharren. Das entscheidende Problem ist vielmehr die kurze Dauer des Sommers.

Die typischen laubabwerfenden Arten produzieren ihren Frühlingsaustrieb jeweils mit den in der vorangegangenen Vegetationsperiode angesammelten Energiereserven. Diese Periode muß eine Mindestdauer von vier Monaten haben - 120 Tage mit einer Durchschnittstemperatur von nicht unter 10° C. Wird diese Dauer nicht erreicht, ist der Baum nicht in der Lage, die Produktion neuer Blätter zu beginnen, und stirbt schließlich.

In dem für die Taiga typischen Klima beträgt die Dauer der Vegetationsperiode weniger als 120 Tage, was die Existenz der immergrünen Gattungen, wie z.B. der Nadelhölzer begünstigt. Diese sind in der Lage, den photosynthetischen Prozeß sofort wieder aufzunehmen, wenn sich die klimatischen Bedingungen, d.h. die Temperatur verbessern. Die Dauerhaftigkeit der Blätter bietet aber noch andere Vorteile. Einerseits führt die nicht notwendige jährliche Blattbildung zu einer nicht zu unterschätzenden Energieeinsparung, andererseits ist ein sparsameres Haushalten mit den mineralischen Nährstoffen möglich. Dies ist insofern von Bedeutung, da der Taigaboden, bedingt durch die Natur des Muttergesteins und die

Rotfichte *(Picea abies)*

Sibirische Lärche *(Larix sibirica)*

Waldkiefer *(Pinus silvestris)*

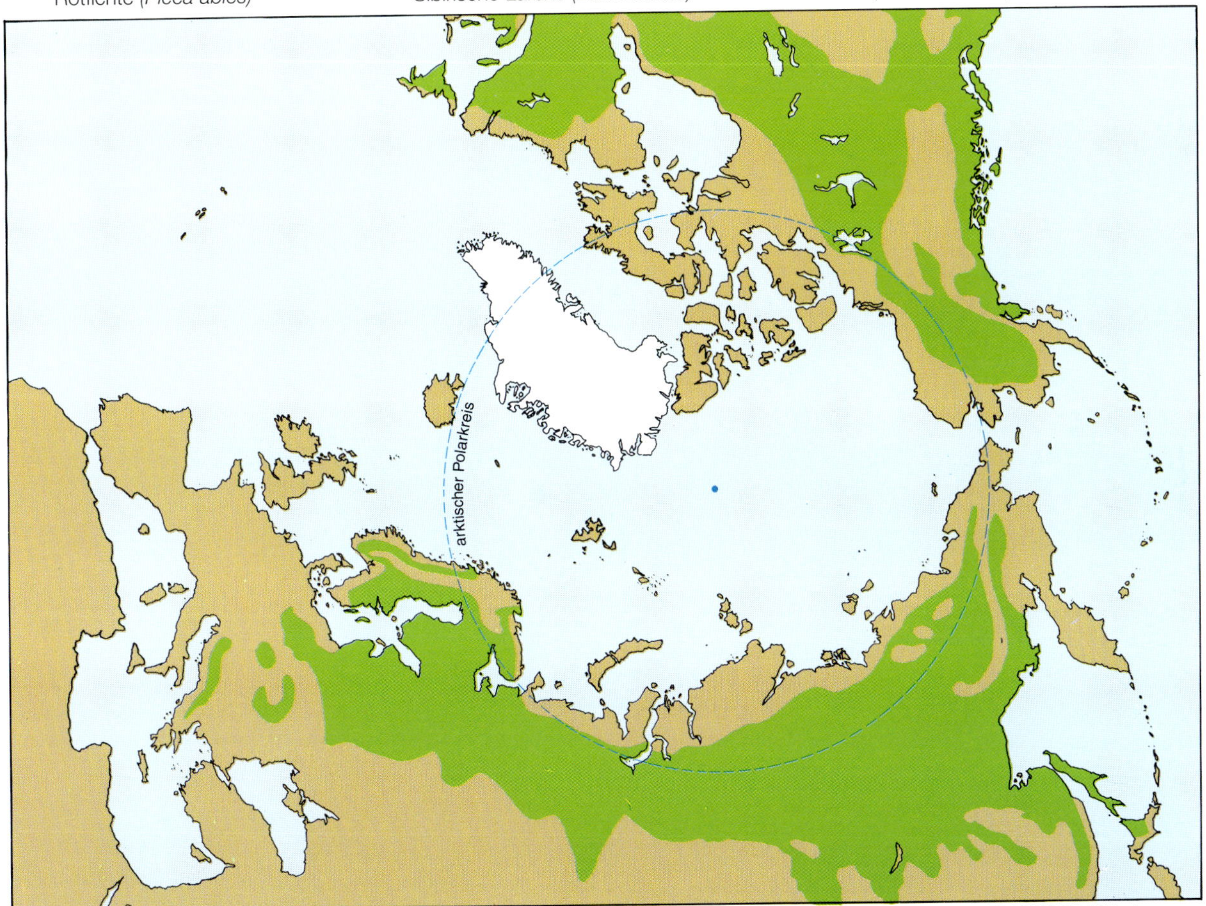

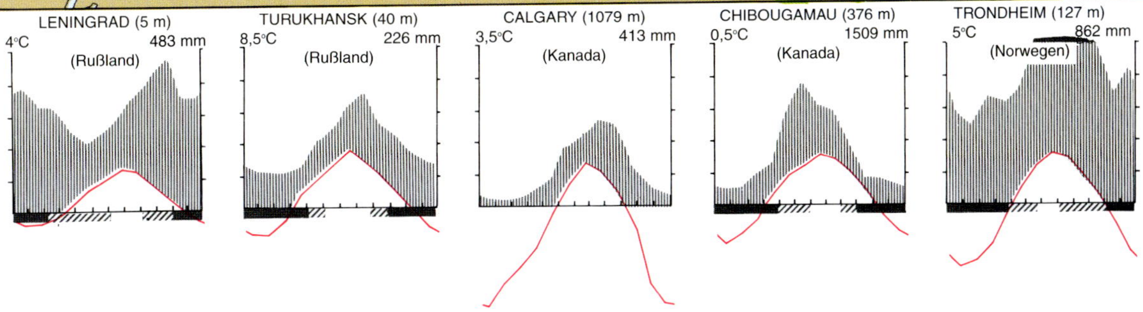

Langsamkeit des Zersetzungsprozesses der harten Fichtennadeln, sehr nährstoffarm (oligotroph) ist.

Auch wenn die Dauerhaftigkeit des Laubwerks deutliche Vorteile bietet, müssen doch Maßnahmen ergriffen werden, um dessen Zerstörung in den harten Wintern zu verhindern. In dieser Hinsicht sind die Fichtennadeln hervorragend an die durch das Eis hervorgerufene Trockenheit angepaßt. Eine äußerst kleine Oberfläche, ledernes Gewebe und eine dicke, wächserne und dadurch wasserundurchlässige Kutikula. Hinzu kommt, daß sich die Nadeln bei zunehmender Kälte »dehydrieren«, was es ihnen ermöglicht, Temperaturen von bis zu -40° C standzuhalten, ohne durch das Eis Schäden zu erleiden. Der Baum versetzt sich in eine lange Ruhephase, die sich bis zum nächsten Frühling hinzieht.

Doch trotz all dieser Anpassungsmaßnahmen können nur wenige Arten wirklich dem sehr strengen Winter Sibiriens standhalten. In einem derart kontinentalen Klima ist daher die Lärche begünstigt. Ebenfalls ein Nadelgehölz, wirft sie jedoch im Winter ihre Nadeln ab.

NÄHRSTOFFVERSORGUNG DER BÄUME IN DER TAIGA

Die Mineralisierung des abgestorbenen Fichtenlaubs verläuft aufgrund der niedrigen Temperaturen und der Natur des eigentlichen chemischen Prozesses sehr langsam. Fast die gesamte Menge der in der Taiga vorhandenen mineralischen Bodennährstoffe wird in der obersten organischen Schicht, d.h. in den ersten 20cm, angesammelt. Eben in diesem sehr reduzierten Bodenbereich streckt die Fichte ihre Wurzeln aus. Diese Wurzeln gehen eine symbiotische Verbindung (Lebensgemeinschaft) mit bestimmten Bodenpilzen ein, die für die Ernährung des Baums von entscheidender Bedeutung sind. Diese Pilze absorbieren die Nährstoffe des Bodens selbst (besonders den Phosphor), um sie dann später an den Baum weiterzugeben. Außerdem verfügen sie über eine hohe Transportfähigkeit und bilden so ein authentisches horizontales Verbindungsnetz innerhalb des Ökosystems. In entgegengesetzter Richtung, von Baum zu Pilz, sind verschiedene Substanzen in Umlauf. Lebenswichtig für den Pilz sind darunter die vom Baum produzierten Kohlenhydrate. Es sei daran erinnert, daß die Pilze kein Chlorophyll aufweisen und so nicht in der Lage sind, ihre eigene organische Materie durch Photosynthese zu produzieren.

DIE ÖKOLOGISCHE SUKZESSION IN DER TAIGA

Trotz des sehr kalten Klimas ist es nicht verwunderlich, daß weite Teile der Taiga Waldbränden zum Opfer fallen. Dies erklärt sich durch den »pyrophyten« Charakter der Nadelhölzer, die von Natur aus trocken, »xeromorph« sind und Harze und andere brennbare Materie produzieren. Das Feuer verändert auf radikale Weise die Umweltbedingungen und bewirkt so die Modifizierung der Wettbewerbsverhältnisse zwischen den verschiedenen Arten. Ein Evolutionsprozeß beginnt, die sogenannte ökologische Sukzession, also Aufeinanderfolge von Pflanzengesellschaften, in deren Verlauf einige Arten andere ersetzen und so ein neues Gleichgewicht geschaffen wird. Für den Fall, daß sich keine unwiderruflichen Änderungen in der physikalischen oder biologischen Umgebung vollzogen haben, wird sich nach einiger Zeit wieder das ursprüngliche Vegetationsgleichgewicht einstellen. Die Taiga ist ein hervorragendes Beispiel für diesen durch das Feuer ausgelösten ökologischen Entwicklungsprozeß. Der unmittelbare Effekt des Feuers, die Zerstörung des lichtabsorbierenden Blattwerks, begünstigt zunächst die Existenz lichtbedürftiger Pflanzen. So bieten die kürzlich verbrannten Gebiete den Anblick eines Teppichs aus Krautgewächsen mit Gräsern wie *Molinia coerules* und *Calamagrostis epigeios* oder sonnenhungrigen Farnen wie *Pteridium aquilinum.* Bald tauchen in dieser Wiesenlandschaft Keimlinge der Birke *(Betula pendula)* und Zitterpappel *(Populus tremula)* auf. Zwei sowohl in nördlichen wie südlichen Wäldern vorkommende Laubbaumarten, die im Bezug auf Licht und schnelles Wachstum sehr anspruchsvoll sind, weswegen man sie oft als opportunistische oder »kolonisierende« Arten bezeichnet. In den folgenden sechzig Jahren wird sich auf der einst verbrannten Erde ein Birkenwald ansiedeln.

In seinem Schutz vegetiert die Waldkiefer, deren Entwicklungsprozeß langsamer verläuft, die jedoch aufgrund ihres immergrünen Blattwerks nach und nach die Laubbäume verdrängen wird. Die immergrünen Blätter ermöglichen unter gleichen Bedingungen eine wesentlich längere photosynthetische Tätigkeit und somit die Produktion einer größeren Menge an Biomasse. Dieser Zeitabschnitt der Kiefernwälder dauert etwa 150 Jahre.

Die Fichtensprößlinge können in sehr dunklen Umgebungen gedeihen und wachsen im Schatten der Kiefern, die sie früher oder später von ihrem Platz verdrängen werden. Die Kiefer kann sich aufgrund ihres heliophileren Charakters nicht im Schatten der Fichten regenerieren, und so wird nach und nach der ursprüngliche Fichtenwald wieder hergestellt. Er bildet das Vegetationsgleichgewicht in dem für diese Region typischen Klima. In Skandinavien dauert der Wiederherstellungsprozeß des Fichtenwalds ungefähr 500 Jahre.

Krautvegetation aus
Molinia coereluea**;
Calamagrostis epigeios
und Pteridium aquilinum*
Junge Birken und Zitterpappeln
Wald aus
Birken und
Zitterpappeln;
junge Waldkiefern
Wald aus Waldkiefern;
junge Fichten
Klimaxvegetation;
Fichtentaiga

Die Tundra

DAS KLIMA DER TUNDRA

Mit dem Namen Tundra (abgeleitet von Finnisch *tunturi:* baumloses Land) bezeichnet man das offene, baumlose Gebiet im Norden der Taiga. Die Tundra bildet ein fast kontinuierliches Band entlang der Küste des arktischen Ozeans und seiner Inseln.

Auf der südlichen Erdhalbkugel existiert, aus dem gleichen Grund wie im Falle der Taiga, kein vergleichbares Ökosystem (siehe S.48). Näheres zur »Magellantundra« findet sich auf S.84.

Aufgrund der Breitengrade, in denen sie anzutreffen ist, dominieren in der Tundra polare und arktische Luftmassen. Während die Taiga 80-90 kcal./cm^2 Sonnenenergie pro Jahr erhält, verringert sich die Energiemenge in den Breitengraden der Tundra auf 70 kcal./cm^2. Eine Besonderheit dabei ist, daß sich der Aufnahmezeitraum auf die Monate März bis Oktober beschränkt, da in der Arktis von November bis Februar Polarnacht herrscht.

Ein Großteil dieser Energie ist jedoch für die dort lebenden Arten nutzlos. Der Schnee, der ja bekanntermaßen das Sonnenlicht sehr gut reflektiert, bedeckt das Ödland für die Dauer von 200-280 Tagen im Jahr. Wenn in den Monaten März/April die Tundra aus der Dunkelheit der Nacht erwacht, erreicht die Intensität der Sonneneinstrahlung ähnliche Werte wie in subtropischen Breiten. Dreiviertel dieser Energie sind allerdings wegen des Schnees und seiner enormen Reflexion der Sonnenstrahlen für die dort lebenden Arten nicht nutzbar. Wenn der Schnee schließlich geschmolzen ist und die Sonnenstrahlen endlich den Boden erreichen und diesen und die Atmosphäre erwärmen, steht die Sonne schon wieder tief am Himmel, und die lange, dunkle Polarnacht kündigt sich erneut an. In der Grenzregion zwischen Taiga und Tundra wird die Durchschnittstemperatur von 10° C lediglich an 30 Tagen im Jahr überschritten, während sich die Frostperiode über acht Monate hinzieht.

Ein weiteres Merkmal der Tundralandschaft ist der hohe Feuchtigkeitsgehalt der Umgebung. Wasser gibt es überall gleichermaßen, in der Atmosphäre wie im Boden, obwohl die Niederschlagsmenge sehr gering ist (150 bis 350 mm im Jahr). In anderen Breitengraden würde man bereits von einer Halbwüste sprechen, doch ist in der Tundra aufgrund der sehr niedrigen Temperaturen auch die Verdunstung sehr gering.

DIE TUNDRA UND IHRE LANDSCHAFTEN

Gewöhnlich wird die Tundra in drei nach Breitengraden geordnete Unterregionen aufgeteilt, die alle einen unverwechselbaren Charakter haben: die Strauchtundra, die klassische Tundra und die arktische Tundra.

In der südlichsten, der Strauchtundra, wird der Moosteppich von einer nicht regelmäßigen, ca. 50cm hohen Schicht aus Erlen-, Birken- und Weidensträuchern unterbrochen *(Alnus crispa, Betula nana, Salix arctica).* Unter ihrem Schutz wachsen sowohl einkeimblättrige (Süß- und Sauergräser) und zweikeimblättrige Krautgewächse, als auch einige Zwergsträucher wie *Salix herbacea, Vaccinium uliginosum* und andere. Insgesamt stammt ein Großteil dieser Flora von Vegetationsformen ab, die in südlicheren Gebieten existieren.

Die klassische Tundra, etwas weiter nördlich zu finden, ist das Königreich der Moose. Diese bilden einen 5-7 cm dicken, äußerst dichten Teppich, der die ganze Landschaft prägt und ihr ein sehr monotones Aussehen verleiht. Die häufigsten dieser Moose sind: *Hylocomium splendens, Tomenthypnum nitens, Aulacomnium turgidum, Rhaconitrium lanuginosium* und verschiedene Arten von *Diacranum* und *Polytrichum.* In der Nachbarschaft der Moose sind die häufigsten Vertreter der Krautgewächse bei der Spezies *Carex* (Segge), insbesondere der *Carex ensifolia*, zu finden. Die Flechten, die in einer außergewöhnlich großen Vielfalt existieren, sind hingegen lediglich in bestimmten Umgebungen mit sandigen oder steinigen Böden von Bedeutung.

Die arktische Tundra erstreckt sich bis zur Polarwüste. Ihr auffallendstes Merkmal ist die rasterförmige Anordnung der Vegetation mit großen, ausgedehnten Flächen nackten Bodens. Dieser öde Boden bildet fast die Hälfte der arktischen Tundra. Das Eis verwandelt die Bodenoberfläche in eine unendliche Aufeinanderfolge von Rissen, Spalten und Hügeln. Die Moose bilden trotz ihrer Bedeutung innerhalb dieser Vegetation keinen durchgehenden und einheitlichen Teppich, was eine bessere Erwärmung des Bodens ermöglicht. So ist die Umgebung vielfältiger und bietet den Arten größere Möglichkeiten zur Ansiedlung. Obwohl ein wesentlich härteres Klima als in der klassischen Tundra herrscht, ist die Vegetation der arktischen Tundra erstaunlicherweise nicht monotoner. Bis auf die winzige Polarweide *(Salix polaris)*, die zwischen den Moosen wächst und lediglich seine äußeren Blätter und Blütenstände zur Schau stellt, kommen Strauchgewächse verständlicherweise in der arktischen Tundra nicht vor. Ebenso sind verschiedene Pflanzengruppen, die wie z.B. die Sauergräser für die klassische Tundra kennzeichnend sind, hier gar nicht oder nur sehr schwach vertreten. Andere hingegen erhalten eine ungewohnte Bedeutung, wie z.B. die Süßgräser, die hier einen Rasen ausbilden, oder die große Menge der zweikeimblättrigen Krautgewächse (Saxifraga, Draba, Luzula, Papaver, etc.), die in der klassischen Tundra nur in ganz bestimmten lokalen Biotopen vorkommen.

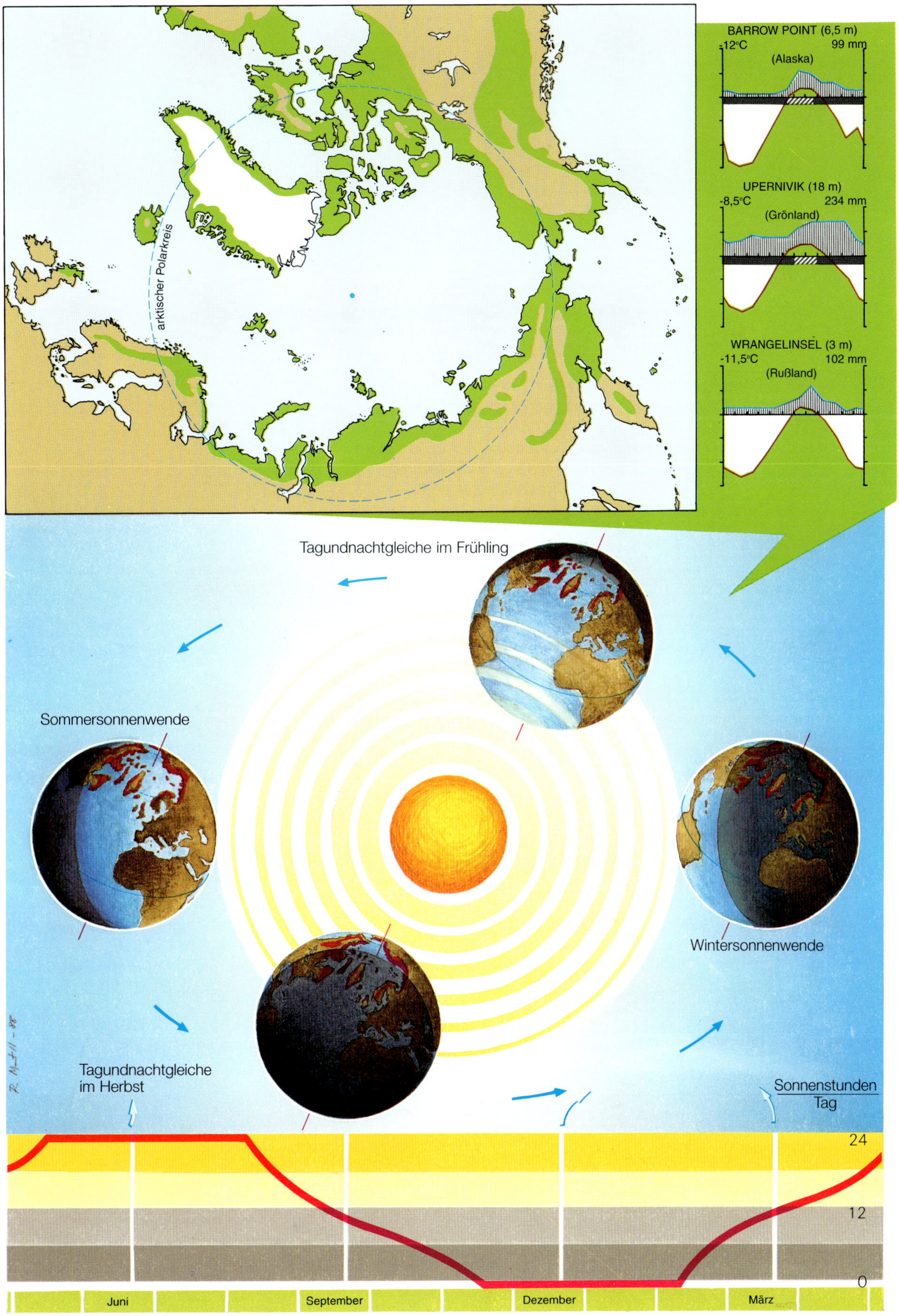
arktischer Polarkreis
BARROW POINT (6,5 m)
-12°C
99 mm
(Alaska)
UPERNIVIK (18 m)
-8,5°C
234 mm
(Grönland)
WRANGELINSEL (3 m)
-11,5°C
102 mm
(Rußland)
Tagundnachtgleiche im Frühling
Sommersonnenwende
Wintersonnenwende
Tagundnachtgleiche
im Herbst
Sonnenstunden
Tag
24
12
0
Juni
September
Dezember
März

ANPASSUNGEN AN DAS LEBEN IN DER TUNDRA

Der Baum ist aufgrund seiner Ausmaße eine sehr langsame biologische Form und unvereinbar mit der äußerst kurzen Vegetationsphase, die das Klima der Tundra erlaubt. Somit erklärt sich auch seine Verdrängung durch kleinere, flexiblere Pflanzen wie Sträucher und Krautgewächse.

Der Schnee ist ein entscheidender Faktor für die Höhe der Tundravegetation. Ist er im Frühling ein Hindernis für das Leben, so dient er im Winter als hervorragende Isolierung und verhindert, daß die Temperatur unter den Gefrierpunkt sinkt. Zusätzlich schützt er die Pflanzen vor dem Abrieb durch Eiskristalle, die von den heftigen Schneestürmen aufgewirbelt werden.

Aber nicht nur die Schneeschicht, sondern auch die niedrigen Temperaturen, die Existenz einer wärmeren Luftschicht in Bodennähe sowie der Mangel an Stickstoff begünstigen die Ansiedlung einer sehr niedrigen und kargen Vegetation. Das Wachstum in die Höhe erfordert einen enormen Verbrauch an organischer Materie. So ermöglicht in einem Klima von geringer biologischer Produktivität gerade die geringe Größe der Pflanze die Ausrichtung auf die grundlegend wichtige Aufgabe der Reproduktion zur Arterhaltung.

In der Tundra kommen Pflanzen häufig in Form von Polstern oder kompakten Pflanzenteppichen vor, wobei *Novosieversia glacialis* oder *Saxifraga cespitosa* besonders hervorstechen. Je größer die Dichte des Gebildes, desto härter sind die klimatischen Bedingungen, in denen es sich entwickelt. Pflanzen mit dieser Physiognomie sind auch typisch für die Flora der höheren Gebirgsregionen.

Ein überraschendes morphologisches Merkmal der Tundrapflanzen ist ihr Xeromorphismus (Trockenpflanzencharakter). Die Blätter sind gewöhnlich klein, nadelförmig, oft direkt mit dem Stengel verbunden und haben eine relativ dicke Kutikula. Diese Anpassungserscheinungen dienen alle dem Ziel, die Verdunstung so gering wie möglich zu halten. Es bleibt jedoch ein Paradox, daß sich in einem so feuchten Klima genau diese Anpassungsmerkmale ausbilden. Man darf dabei jedoch nicht vergessen, daß bei derart niedrigen Temperaturen die biologischen Prozesse sehr langsam ablaufen und die Aufnahmefähigkeit der Wurzeln stark zurückgeht. Die Pflanzen hätten mit anderen Blättern große Schwierigkeiten, eine ihren Bedürfnissen entsprechende Wasserversorgung zu gewährleisten. Obwohl dieser Erklärungsansatz vernünftig scheint, halten einige Wissenschaftler den xeromorphen Charakter der Tundrapflanzen einem anderen Umweltphänomen zugute: dem Mangel an Stickstoff, sei es aufgrund der durch die Kälte bedingten Schwierigkeit, ihn zu erhalten, sei es aufgrund des von Natur aus geringen Stickstoffgehalts im Boden (siehe S.86).

Aufgrund der kurzen Wachstumsphase bilden viele Pflanzen die Blütenknospen und Keime schon im Vorhinein für die nächste Wachstumsperiode aus und halten sie während des Winters unter der Schneedecke geschützt. Auf diese Weise können sie bei Beginn des Frühlings sofort mit dem Wachstum und der Reproduktion beginnen, ohne Zeit mit vorbereitenden Prozessen zu verlieren. Eben dies spricht gegen die Existenz einjähriger Arten (Therophyten), die darauf angewiesen sind, ihren kompletten biologischen Zyklus von der Keimung des Samens bis zur Reife der Frucht innerhalb einer einzigen Wachstumsphase abzuschließen. Es dominieren vielmehr die ausdauernden Arten, die ihre äußeren Organe teilweise oder komplett erneuern, die unterirdischen aber konservieren (Geophyten, Hemikryptophyten, Chamäphyten). Unter diesem Aspekt verdienen azyklische Pflanzen wie die *Braya humilis* besondere Beachtung. Sie ist in der Lage, ihren Entwicklungsprozeß jederzeit zu unterbrechen und erst in der nächsten Wachstumsphase wieder aufzunehmen.

In Gebieten mit kaltem Klima stößt die geschlechtliche Reproduktion auf verschiedene Hindernisse: Außerhalb der gewöhnlichen Frostperioden auftretende Fröste können die Blüte zunichte machen, die Samen haben nicht genügend Zeit zur Reife oder, im Falle der Fremdbestäubung, schwärmen die Insekten aufgrund eines zu späten Frühlings zu spät aus. Es ist daher nicht verwunderlich, daß sich viele Pflanzen der Tundra auf ungeschlechtliche Weise reproduzieren. Dies geschieht mit Hilfe von Wurzelstöcken (Rhizomen), Knollen oder Wurzelknöllchen, die außerdem als Reservedepot dienen. Die Samen der Pflanzen, die sich dennoch auf geschlechtliche Weise reproduzieren, sind, bedingt durch die geringe biologische Aktivität, sehr klein und lassen sich so leicht vom Winde verstreuen.

ARKTISCHE TUNDRA
KLASSISCHE TUNDRA
STRAUCHTUNDRA
Salix polaris
Saxifraga oppositifolia
Alopecurus alpinus
Hyloconium splendens
Tomenthypnum nitens
Rhaconitrium lanuginosum
Betula nana
Alnus crispa
Salix arctica
arktischer Polarkreis

Die Vegetation der Steppen

DIE STEPPEN IM SÜDEN RUßLANDS

DAS KLIMA

Im Gebiet der Laubwälder (siehe S.42) kann man das Klima Osteuropas als kontinental bezeichnen, d.h. es herrschen strenge und trockene Winter und gemäßigte, aber feuchte Sommer.

Ein kennzeichnendes Merkmal der Steppe ist die Trockenheit im Winter, einer Zeit, in der im Westen die größten Niederschläge fallen. Hier bleibt hinzuzufügen, daß im Süden Rußlands die jährliche Durchschnittstemperatur aufgrund der immer wärmeren Sommer ansteigt, während sich die Niederschlagsmenge fast bis auf Wüstenniveau verringert. Die globale Konsequenz ist eine allmähliche Abstufung des Klimas: von kontinental und feucht in Osteuropa und Zentralrußland zu kontinental und trocken im Süden. Bei diesem Klimawandel spielt der Einfluß des nahen asiatischen Kontinents eine große Rolle.

Die riesigen Weiten Asiens sind die Herkunft der kontinentalen Luftmassen. Im Winter entstehen dort die sehr kalten und trockenen Luftmassen des sibirischen Hochdruckgebiets. Der Sommer bringt die sehr heiße und trockene Luft, die in den durch das Himalayagebirge vom Ozean abgeschnittenen Regionen Mittelasiens entsteht. Der klimatische Übergang Osteuropas in die südliche Region Rußlands spiegelt die Nahe dieser Luftmassen und ihren jahreszeitlich unterschiedlichen Einfluß wider.

Ein Klimawechsel bringt zwangsläufig einen Vegetationswechsel mit sich. Die mitteleuropäischen Wälder, allesamt sommergrüne Laubwälder, machen einer offenen Landschaft Platz, die von Krautgewächsen, insbesondere Trockengräsern, dominiert und Steppe genannt wird. Die Steppe verwandelt sich in südlicher Richtung allmählich in eine Strauchhalbwüste.

DER BODEN

In gleichem Maße wie die Vegetation ändert sich auch die Bodenbeschaffenheit. Die Waldböden verschwinden zugunsten eines Steppenbodens mit gut entwickelter Humusschicht (Schicht A), die direkt auf dem kalzium- und magnesiumreichen Muttergestein (Schicht C) ruht (Lößgestein: ein während der letzten Eiszeit vom Wind verbreiteter Lehmschlamm).

Im Boden der typischen Steppe (schwarze Erde) weist die Schicht A mit einer Tiefe von einem Meter oder mehr eine kennzeichnende schwarze Farbe auf, die auf den hohen Humusgehalt (6-10%) zurückzuführen ist. Dieser stammt aus der Mineralisierung einer riesigen angesammelten Menge organischen Materials. Diese Schicht ist an der Oberfläche kohlenstoffarm, einerseits, weil sie im Frühling vom Schmelzwasser ausgelaugt wird und andererseits aufgrund der enormen biologischen Tätigkeit in dieser Jahreszeit. Das Wasser reichert sich dann nämlich mit dem CO^2 an, das die Bodenorganismen bei der Atmung abgeben. Das Kalziumcarbonat verwandelt sich in lösliches Bicarbonat und wird bis in die unteren Bodenschichten ausgewaschen. Verantwortlich für eine derartige Zersetzungs- und Befeuchtungstätigkeit ist die reichhaltige Wurmfauna im Boden. Eine ähnlich wichtige Rolle für die Beschaffenheit dieser Böden spielt die Tätigkeit der Nagetiere (Erdziesel, Ratten, Maulwürfe, usw.). Die Anwesenheit dieser Nager kann man im Bodenprofil an den Kanälen und Löchern erkennen, die mit verschiedenfarbiger Erde gefüllt sind. Die russische Bezeichnung für diese Erdgänge und Höhlen ist Krotowinas. Unterhalb der Humusschicht liegt eine kalkhaltige Schicht (Ca-Schicht). Sie ist von ockergelber Farbe, sehr kompakt und weist Spuren von Kalziumcarbonat sowie gröbere Carbonatanreicherungen auf.

DIE STEPPE UND DER WALD: DIE KONKURRENZ UM DAS WASSER

Der Grund für das allmähliche Verschwinden der Wälder zugunsten der Steppe ist vor allem in der begrenzten Verfügbarkeit des Wassers für die Pflanzen zu sehen. Die Wachstumstätigkeit der Steppe beginnt im Frühling bei Eintritt der Schneeschmelze. Von diesem Zeitpunkt an bis Mitte Juli haben die Steppenpflanzen Zeit, sich auf das Wachstum und die Ausbildung von Blüten zu konzentrieren. Sie machen sich dabei zunutze, daß der Boden noch ausreichend Wasser enthält, um die durch die hohen Temperaturen bedingte hohe Transpiration zu kompensieren. Doch langsam beginnen die Pflanzen auszutrocknen, und gegen Ende August ist die Steppe ausgedörrt. Dieser Zustand, der in nichts an die frühlingshafte Üppigkeit erinnert, dauert bis zum Beginn der ersten Schneefälle im Herbst. Er zeugt davon, daß der Boden nicht mehr über genügend Wasservorräte verfügt, um die Bedürfnisse der Pflanzen zu decken. Für die ausdauernden Süßgräser, die in der Steppe vorherrschend sind, stellt dies kein größeres Problem dar. Durch eine sehr hohe Wachstumsrate haben sie zu diesem Zeitpunkt genügend organische Materie gebildet, um bis zum nächsten Frühling überleben und eine neue Wachstumsperiode beginnen zu können.

Sie lassen dabei die äußeren Organe, mit denen die Photosynthese vollzogen wird, austrocknen und überleben mit Hilfe unterirdischer Wurzelstöcke (Hemikryptophyten). Für einen Baum ist diese Wachstumsphase zu kurz. Er ist nicht in der Lage, bis zu diesem Zeitpunkt genügend Reserven anzusammeln. Er könnte das Laub abwerfen oder in einen Ruhezustand verfallen, doch dann würde er buchstäblich verhungern.

ASTRACHAN (-14m)
9,3°C 156 mm
TSCHKALOV (114 m)
3,8°C 385 mm
UMAN (216 m)
7°C 463 mm
KIEW (183 m)
7,5°C 557 mm
MOSKAU (167 m)
3,2°C 538 mm
ARCHANGELSK (10 m)
-0,4°C 466 mm
JÄHRLICHE DURCHSCHNITTSTEMPERATUR
DURCHSCHNITTLICHER JAHRESNIEDERSCHLAG

Außerdem herrscht zwischen den Graspflanzen und den Bäumen ein regelrechter Wettbewerb, der von den Beschaffenheiten des Bodens und des Klimas abhängt. Der Grund dieses Wettstreits liegt im unterschiedlichen Wurzelsystem verborgen. Die Gräser haben kurze, stark verzweigte und sehr dichte Wurzeln, die sich in einem relativ kleinen Bodenbereich sehr intensiv ausdehnen. Eine solche Wurzelstruktur ist ideal für Böden aus sehr feinen Materialien und mit hoher Wasseraufnahmekapazität. Dies ist vor allem wichtig, wenn der Regen in der klimatisch günstigen Zeit, d.h. im Frühling oder Sommer, Wasser bringt. Die Holzgewächse verfügen hingegen gemeinhin über sehr ausgedehnte, lange Wurzeln ohne große Dichte. Diese Struktur ist sinnvoll bei steinigen Böden und über das Jahr ungleichmäßiger Wasserverteilung, was nicht nur für den Sommerregen, sondern auch für die Niederschläge im Winter gilt. In dieser Jahreszeit ist die Vegetation nicht aktiv, und das Wasser wird nicht gefiltert. So muß es im Sommer aus großen Tiefen emporgezogen werden. Demnach läßt sich in einem trockenen Klima mit dichten Böden hauptsächlich Krautvegetation erwarten. Das Wasser tritt immer nach dem Prinzip der Schwerkraft in den Boden ein und wird auf seinem Weg von der Pflanze aufgenommen, die ihre Wurzeln am dichtesten an der Oberfläche ausstreckt. Das sind in diesem Falle die Gräser.

VOM WALD ZUR HALBWÜSTE: DAS VERHÄLTNIS KLIMA - BODEN - VEGETATION

In der Übergangszone von der Wald- zur Steppenvegetation erhalten beide Vegetationstypen die gleiche Menge an Wasser. Je nach Bodenbeschaffenheit wird dabei die eine oder andere Vegetationsform begünstigt. Der Wald bevorzugt gut entwässerte und durchlässige Böden, hügeliges Gelände oder die Bergabhänge der Flußtäler. Die Steppe breitet sich vorwiegend auf dichten, schlecht entwässerten Böden, im Flachland und in den Hochebenen aus. In diesen Gebieten ist die Dürreperiode äußerst kurz, und die Steppe weist eine große Vielfalt nichtgrasartiger Krautgewächse auf. Der Boden besteht aus schwerer, schwarzer Erde, und die Humusschicht reicht bis in eine Tiefe von 1,5m. Sie ist sehr reich an organischer Materie (10-13%) und aufgrund der zahlreicheren Niederschläge kohlenstoffärmer als die typische schwarze Erde. Eine Folge dieser erhöhten Auswaschung des Bodens ist die Existenz einer tonhaltigen Schicht B, die direkt unter der Schicht A liegt.

Die typische Steppe ist in den südlicheren Regionen anzutreffen, wo sich die Dürre- und Trockenperioden über lange Zeiträume erstrecken. Der Boden besteht aus der bereits beschriebenen mittleren schwarzen Erde oder der südlichen schwarzen Erde mit geringerem Humusanteil (4-6%), auf der die kargsten Arten der Steppenvegetation zu finden sind. Im Gesamtbild sind die Gräser vorherrschend, hauptsächlich von der Art des Federgrases *(Stipa pennata, Stipa capillata, Stipa lässiagiana)*, des Schafschwingels *(Festuca ovina)* und des Schillergrases *(Koeleria gracilis, Koeleria cristata)*. Die nicht grasartigen Krautgewächse, die weniger gut an die Trockenheit angepaßt sind, kommen nur noch selten vor. Gleichzeitig nimmt die Bodenvegetation insgesamt ab und die völlig nackten, unbewachsenen Bodenflächen werden immer größer.

Das Gebiet der kastanienbraunen Böden liegt weiter südlich und ist deshalb von einem trockeneren Klima geprägt. Die schokoladenbraune Humusschicht erreicht eine Tiefe von ca. 60cm und weist eine Konzentration an organischer Materie von 3-4% auf. Direkt darunter gelangt man zu einer weißlichen Ca-Schicht, die im Trockenzustand mehr oder weniger gehärtet ist. Die letzte Schicht ist dann schließlich das Muttergestein, Löß oder lößartige, kalkhaltige Sedimente. Die Kohlenstoffarmut ist nur in den ersten 30-40cm an der Oberfläche wahrnehmbar. Auf diesen Böden breitet sich eine trockene Steppe aus, die wesentlich offener und niedriger ist als die vorher beschriebenen. Die typischen Spezies sind das Federgras *(Stipa capillata)*, der Schwingel, das Schillergras und die Trespe *(Bromus inermis)*. Der Boden ist durch natriumchloridhaltigen Staub, der von den Südwinden aus den zentralasiatischen Wüstengebieten angeweht wird, mit Salz angereichert. Neue Spezies von der Art des Beifuß *(Artemisa)* gewinnen an Bedeutung und kündigen die weiter südlich gelegenen Halbwüsten an.

Diese Halbwüsten weisen ein Klima mit ausgedehnten sommerlichen Trockenperioden auf, daher sind die Böden äußerst karg. Der hellbraune Boden, der sich auf Tonmergel oder tonmergelartigen Sänden und Löß gründet, hat eine sehr arme Humusschicht (2-3% organische Materie). Er ist bereits an der Oberfläche karbonathaltig und als Reaktion darauf etwas alkalisch, was auf die Existenz von Natrium schließen läßt. Wie bei den braunen Böden existiert auch hier eine unter der Humusschicht gelegene, mehr oder weniger gehärtete Ca-Schicht. Im Gegensatz zu den braunen Böden sind hier jedoch keine Krotowinas mehr anzutreffen. Diese Halbwüsten bieten den Anblick einer offenen Strauchsteppe, die nur zur Hälfte von Vegetation bedeckt ist.

Typisch hierfür sind verschiedene Arten des Beifuß *(Artemisa incana, Artemisa austriaca, Artemisa sieberi)*, die Stauden des *Pyrethrum achillegifolium* und der *Kochia prostata*. Das Federgras ist hingegen nur gelegentlich zu finden.

DIE PAMPA

DAS KLIMA

Gelegen im Bereich zwischen dem 30. und 39. südlichen Breitengrad, mit einer Ausdehnung von fast 500.000 km^2 zwischen Uruguay, der südlichen Hälfte des brasilianischen Bundesstaates Rio Grande do Sul und dem nordöstlichen Teil Argentiniens, ist die Pampa das größte Steppengebiet der südlichen Hemisphäre. Die ausgedehnte, flache, teilweise auch leicht hügelige Ebene liegt im Bereich des gemäßigten Klimas, das weiter nördlich die üppige Vegetation des Lorbeerwaldes von Missiones

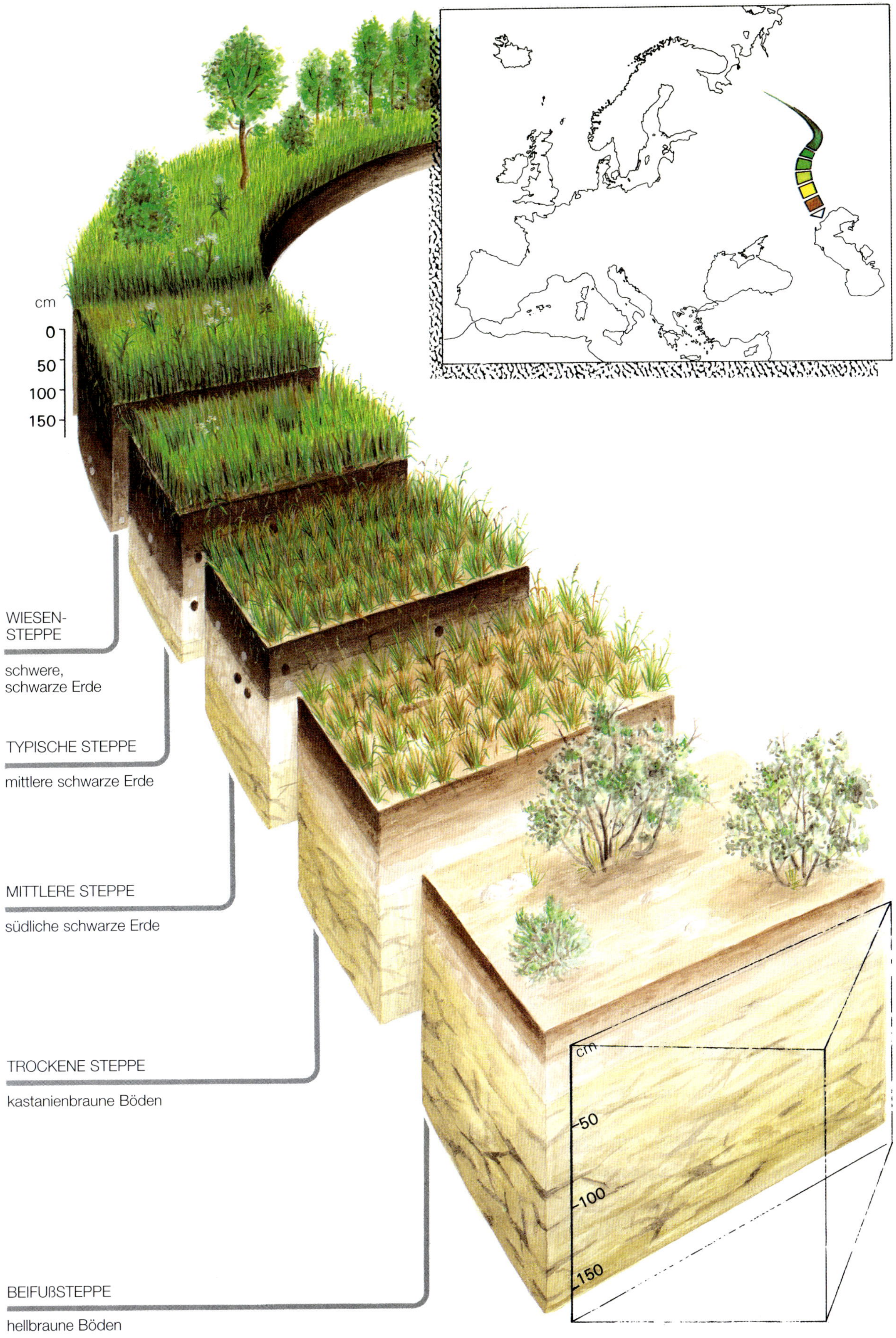
cm
0
50
100
150
WIESEN-
STEPPE
schwere,
schwarze Erde
TYPISCHE STEPPE
mittlere schwarze Erde
MITTLERE STEPPE
südliche schwarze Erde
TROCKENE STEPPE
kastanienbraune Böden
BEIFUßSTEPPE
hellbraune Böden
cm
50
100
150

hervorbringt. Es regnet auch hier das ganze Jahr hindurch, doch sind die Regenfälle ungleichmäßiger auf bestimmte Jahreszeiten verteilt. Die jährliche Niederschlagsmenge schwankt zwischen 600 und 1.000 mm, wobei sie von Norden nach Süden und von Osten nach Westen stetig abnimmt. Die gemäßigten Temperaturen (im Jahresdurchschnitt 14-19° C) sind jahreszeitlich bedingt ebenfalls sehr großen Schwankungen unterworfen, was an der Frostperiode deutlich wird, die sich über 5-9 Monate erstreckt. Diese klimatische Situation ist Ausdruck der Tatsache, daß das subtropische Hochdruckgebiet zunehmend an Einfluß verliert. Das Hochdruckgebiet ist Quelle der feuchten und warmen Luft, im Gegensatz zu den polaren Luftmassen der mittleren Breitengrade, die hier fast völlig ohne Feuchtigkeit anlangen.

Doch wie ist es möglich, daß in einem solchen Klima die Grassteppe die vorherrschende Vegetationsart der Pampalandschaft darstellt? Abgesehen davon, daß der Mensch wahrscheinlich seit jeher die Steppenbildung aus dem Wald gefördert hat (Abholzung, Waldbrände) ist das Klima der Pampa trockener, als man gemeinhin annimmt. Die xerophyte Physiognomie der vorherrschenden Arten läßt daran keinen Zweifel: schmale, lederige, oft in sich eingerollte Blätter, Sträucher mit wachsiger Kutikula, Existenz von Dornen und Blattlosigkeit, usw. Unter den nichtgrasartigen Krautgewächsen beherrschen die kurzlebigen Frühlingspflanzen das Bild, die in der Periode der größten Wasserverfügbarkeit wachsen. Den Rest des Jahres verbringen sie im Samenzustand (Therophyten) oder verborgen in der Erde (Geophyten). Diese Strategie ist typisch für Pflanzen in Gebieten mit sehr trockenem Klima. Ein andered Zeugnis der enormen Trockenheit ist die Existenz von Weidensteppen (*Distichlis spicata*, typisch für alkalische Böden), auch in den feuchteren nördlichen Gebieten. Ein weiteres Indiz ist, daß die unzähligen Tümpel, die im Frühling die Pampa bedecken, bei Eintritt des Sommers bereits vertrocknet sind.

Die Werte der potentiellen Evapotranspiration (Summe des Wasserverlusts aus Verdunstung am Boden und der Transpiration der Blätter, siehe S. 10) zeigen, daß diese in der feuchten Pampa die Niederschlagsmenge um 100 mm übersteigt. In den wesentlich trockeneren Gebieten im Süden und Südosten steigt diese Menge sogar bis auf 700 mm. Wir befinden uns also, zumindest im nordöstlichen Bereich, in einem typischen Klima der Waldsteppe.

DIE VEGETATION DER PAMPA

In den nördlichsten und zugleich feuchtesten Gefilden der Pampa herrscht Wiesenbewuchs vor, bestehend aus feinen Gräsern und unzähligen nichtgrasartigen Gewächsen. Diese bilden einen ununterbrochenen Vegetationsteppich über sehr tiefen und humusreichen Böden. Die am häufigsten vorkommenden Gräser sind *Stipa tenuissima, Stipa neesiana, Poa lanigera* sowie andere typische subtropische Pflanzenarten wie *Paspalum, Panicum* und *Axonopus.*

Weiter südlich, im Norden und Osten der Provinz Buenos Aires, erstreckt sich bis nach Mar Plata und Tandil eine Wiesensteppe mit 50-100 cm hohen, dickwachsenden Gräsern. Je nach Feuchtigkeitsgrad und Fruchtbarkeit des Bodens (sandig-tonhaltig, etwas sauer) stehen sie mehr oder weniger nah beieinander. Zwischen den Gräsern wachsen zahlreiche nichtgrasartige Pflanzen von geringerer Höhe. Der Anteil der Bedeckung des Bodens mit Vegetation variiert je nach Jahreszeit zwischen 50 und 100%. So ist sie mit dem Beginn des Frühlings vollständig, um dann im Verlaufe des Sommers und Herbstes abzunehmen. Die vorherrschenden Arten sind *Bothriochloa montevidense, Stipa neesiana, Stipa papposa, Aristida murina* sowie eine lange Liste 23 weiterer Gräser.

Da wir uns im Klima der Waldsteppe befinden, könnte man erwarten, auf den durchlässigeren Böden oder an den Flußböschungen auf Holzgewächse zu treffen. Tatsächlich kommen in den Schluchten der Zentralpampa, aber auch auf den Hügeln des Flachlands in der Nähe der Küste kleine Gehölze des Talabaums *(Celtis tala)* vor. Dieses Ulmengewächs mit einer Höhe von 3-10 m und einem krummen Stamm, wächst auf losen, aus Muschelkalk oder alten Dünen bestehenden Böden. Die umgebende Flora besteht aus dem Espinillo *(Acacia caven,* argentinische Baumart), der Zweihäusigen Kermesbeere *(Phytolaca dioica)*, dem Stierschatten *(Jodina rhombifolia)* und dem Australischen Holunder *(Sambucus australis)*.

Die echte Steppe dehnt sich in den südöstlichen Gebieten aus, wo das Klima trockener und die Temperaturen extremer sind.

Die Böden sind von ihrer Beschaffenheit her sandig oder sandig-lößartig. Die Pflanzengemeinschaft wird von dickwachsenden Gräsern beherrscht, deren Horste mit einem Durchmesser von 50 cm und einer Höhe von einem Meter sehr weit auseinanderstehen. Sie bedecken zwischen 70 und 80% des Bodens. Die wichtigsten Spezies sind: *Poa ligularis* mit einer Höhe von etwas mehr als 50 cm und dichten, silbrigen Blütenständen, die Federgräser *(Stipa trichotoma* und *Stipa filiculmis,* kräftiges Viehfutter) und die Hirse *(Panicum urvilleanum)*. Hecken und Sträucher kommen fast überhaupt nicht vor. Nichtgrasartige Gewächse kommen sehr oft vor, wenn auch nicht so zahlreich wie in den vorher beschriebenen Pflanzengemeinschaften.

Zwischen den Gräsern und Nichtgrasgewächsen herrscht ein ähnlicher Wettbewerb wie zwischen den Gräsern und den Bäumen. Die Gräser haben sehr kurze, dichte Wurzeln, während die Nichtgrasartigen sehr tiefe und oftmals pfahlförmige Wurzeln haben. So ist zu verstehen, daß bei Rückgang der Niederschlagsmenge auch die Zahl der nichtgrasartigen Krautgewächse abnimmt.

PATAGONIEN

Patagonien ist die südlichste Region Argentiniens. Ausgehend vom 38. Breitengrad reicht sie in südlicher Richtung bis zu den riesigen Ebenen zwischen der Andenkette und dem atlantischen

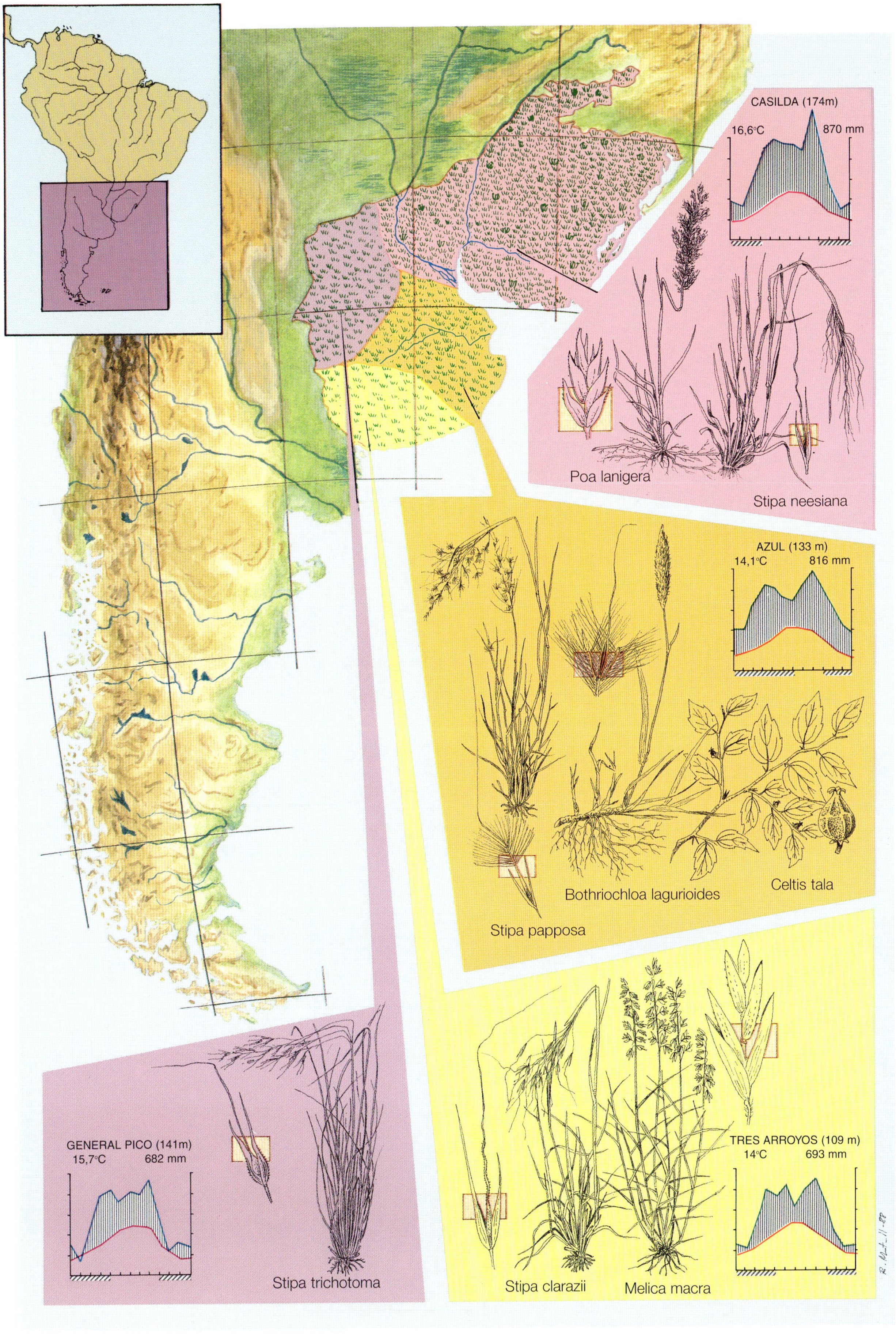
CASILDA (174m)
16,6°C
870 mm
Poa lanigera
Stipa neesiana
AZUL (133 m)
14,1°C
816 mm
Bothriochloa lagurioides
Celtis tala
Stipa papposa
GENERAL PICO (141m)
15,7°C
682 mm
Stipa trichotoma
TRES ARROYOS (109 m)
14°C
693 mm
Stipa clarazii
Melica macra

Ozean. Am südlichsten Zipfel überspringt sie die Magellanstraße und bedeckt den Nordosten Feuerlands.

Es handelt sich um eine riesige Flachebene, die nur ganz sporadisch von kleinen Erhebungen unterbrochen wird. Der steinig-sandige Boden ist sehr arm an organischer Materie. Das Klima ist kalt und trocken, mit Schnee im Winter und Frösten, die praktisch das ganze Jahr über auftreten können. Das entscheidende Wettermerkmal in der patagonischen Ebene ist allerdings der Wind, der ohne Unterlaß aus westlicher Richtung weht. Patagonien liegt im zentralen Einflußgebiet der Westwinde, die an der chilenischen Küste für reichhaltige Niederschläge sorgen. Beim Überqueren der Anden verlieren sie allerdings ihre Feuchtigkeit und wehen somit trocken und kalt über die patagonische Ebene. Am Fuße der Anden und im Süden, wo die Luft noch eine gewisse Feuchtigkeit aufweist, beträgt die jährliche Niederschlagsmenge bis 500 mm. In der zentralen und östlichen Region herrschen hingegen deutlich die Bedingungen der Trockenheit. Die Niederschläge sind sehr unregelmäßig über das Jahr verteilt, und die jährliche Durchschnittsmenge erreicht knapp 200 mm. Die Durchschnittstemperatur variiert zwischen 14 und 5° C und wird umso kälter, je weiter man nach Süden vordringt.

Solch ungastliche Bedingungen des Klimas und des Bodens lassen eine üppige Vegetation einfach nicht zu. Patagonien ist deshalb ein von Gras- und Strauchsteppen geprägtes Gebiet. Die Grassteppen kommen vor allem in den feuchteren Gebieten vor, wo die Böden reich an feinen Materialien und organischer Materie sind. Das sind die Steppen des Coirón (dornige Pflanze Amerikas): mit dem Schwingelgras *Festuca pallescens* am Fuße der Anden und Festuca *gracillima* auf Feuerland.

Den Großteil der Vegetation Patagoniens stellen allerdings die Strauchsteppen. Diese haben eine sehr geringe vegetative Bedeckung mit deutlichen Anzeichen einer Halbwüste. Die Böden sind sandig-steinig oder einfach nur steinig und leicht basisch, wie es für ein trockenes Klima bezeichnend ist. Typische Spezies sind: der Neneo *(Mulinum spinosum)* im östlichen Teil; die Quilenbais *(Chuquiraga avellanedae, Chuquiraga straminea)*, der Colapiche *(Nassauvia glomerulosa)* und das Eisenkraut *(Verbena tridens)* in der zentralen Region; die Malaspina *(Trevoa patagonica)* und der Flohknöterich *(Colliguaya inegerrima)* am Golf von San Jorge.

Nach genauerer Untersuchung kann man sagen, daß die Vegetation Patagoniens in ihrer Morphologie den enormen Druck des Umfelds widerspiegelt, in dem sie sich entwickelt. Die Dürre und der Wind sind dabei die entscheidenden Faktoren. Ein weiterer ist die Tätigkeit der Pflanzenfresser. Die pflanzliche Produktion ist in einem solch strengen Klima entsprechend gering, und unter diesen Bedingungen wäre die Präsenz von Pflanzenfressern verheerend. Diesbezüglich stellen die spitzen Nadelblätter eine hervorragende Abwehrmöglichkeit dar. Die Verringerung der Blattgröße bis zur extremen Form der Blattlosigkeit - sobald die Blätter weggefallen und die Stengel die Photosynthese übernehmen, wie etwa beim schwarzen Dorn *(Colletia spinosissima)* und dem Pingo-pingo *(Ephedra frustillata,* Nadelholzgewächs) -, und die Existenz von Haaren und schützenden Wachsen sind Anpassungserscheinungen mit dem Ziel der Wasserkonservierung. Rutensträucher, wie die Colapiche oder das Eisenkraut, sind sehr häufig anzutreffen. Ihre Stengel sind übersät mit kurzen Ästchen an die sich die sehr kleinen, eng angelegten Blätter anschließen. Die beste Strategie, um dem starken Wind standzuhalten und zu vermeiden, daß er sich in den Ästen verfängt, ist eine geduckte Position. So sind kissenförmige, niedrige Gewächse zahlreich vorhanden. Sie bilden halbrunde, mehr oder weniger kompakte Gesträuche, in deren Innern sich ein günstigeres Mikroklima entwickelt, das nicht die extremen Schwankungen der Außenklimas aufweist. Eine identische Morphologie haben viele Spezies der Tundra und der höheren Gebirgsregionen, sie ist charakteristisch für besonders windige Umgebungen.

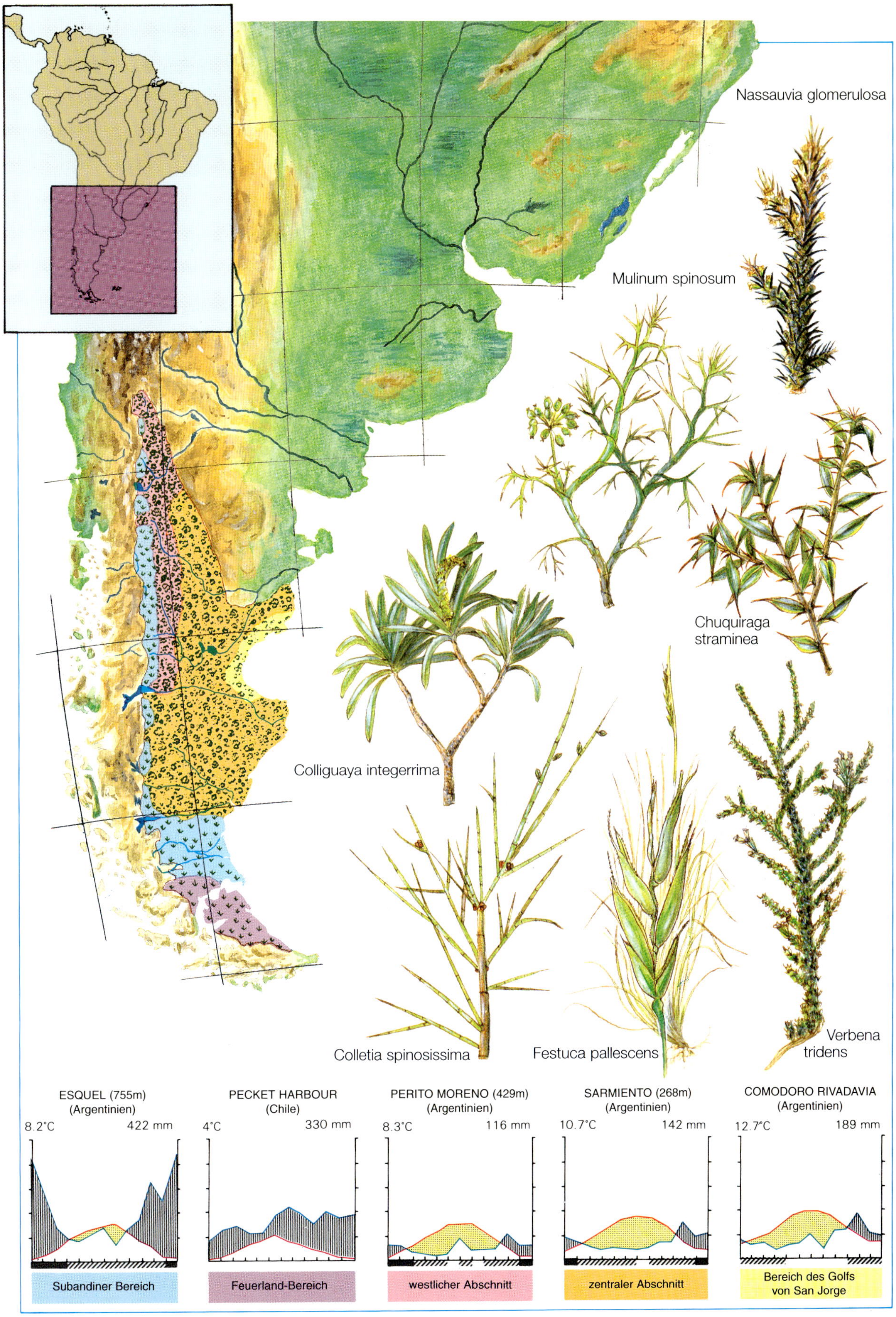
Nassauvia glomerulosa
Mulinum spinosum
Chuquiraga straminea
Colliguaya integerrima
Colletia spinosissima
Festuca pallescens
Verbena tridens
ESQUEL (755m)
(Argentinien)
8.2°C
422 mm
PECKET HARBOUR
(Chile)
4°C
330 mm
PERITO MORENO (429m)
(Argentinien)
8.3°C
116 mm
SARMIENTO (268m)
(Argentinien)
10.7°C
142 mm
COMODORO RIVADAVIA
(Argentinien)
12.7°C
189 mm
Subandiner Bereich
Feuerland-Bereich
westlicher Abschnitt
zentraler Abschnitt
Bereich des Golfs von San Jorge

Die Vegetation der Wüsten

EINLEITUNG

In Dürregebieten ist die jährliche Niederschlagsmenge erheblich geringer als die potentielle Verdunstung. Deshalb sind die Pflanzen gezwungen, unter einem fast andauernden Wasserstreß zu existieren. Wenn es etwas gibt, das alle Wüstenlandschaften gemein haben, so ist es die geringe Pflanzenbedeckung des Bodens und das beinahe völlige Fehlen von Bäumen. Weit davon entfernt, einen kontinuierlichen Vegetationsteppich zu bilden, wachsen die Pflanzen einzeln und lassen zwischen sich mehr oder weniger große Flächen nackten Bodens unbedeckt.

Man bezeichnet ein Trockengebiet als Halbwüste, wenn die Vegetation nicht mehr als 25% der Bodenfläche bedeckt und sich gleichmäßig über die flache Ebene erstreckt (diffuse Vegetation). Typische Beispiele für Halbwüsten sind die Beifußsteppen im Südosten Rußlands (siehe S.58-60), die Sonorawüste im Nordwesten Mexikos, die Puna in den Anden und ein großer Teil der Ebenen Patagoniens (siehe S.62).

In der echten Wüste kommen fast ausnahmslos nur öde und nackte Böden vor. Die Pflanzen wachsen lediglich an bestimmten Punkten, an denen die Wasserbedingungen günstiger sind (Oasen). Die Saharawüste gehört zu dieser Kategorie. In der neuen Welt ist die einzige echte Wüste die von Atacama in Chile und ihre Ausläufer in Peru.

DAS KLIMA

Obwohl die Dürre das für alle Wüsten charakteristische Merkmal ist, weisen doch alle eigene klimatische Merkmale auf. Man vergleiche nur die Sonorawüste, die Puna und die Atacamawüste. Die Sonorawüste ist trocken und warm; die Atacamawüste ist extrem trocken aber kühl; außerdem bilden sich in der Nähe der Küste häufig sehr beständige Nebelfelder, die einige Kilometer bis ins Landesinnere dringen. In Peru nennt man sie Garúas (Sprühregen), in Chile Camanchacas. Die Puna bietet wegen ihrer Höhenlage von 3.500-4.000 m ein sehr trockenes und kaltes Klima, mit Durchschnittstemperaturen von 8 - 9° C.

Trotz dieser Besonderheiten haben alle drei Wüsten denselben Ursprung. Betrachtet man ihre geographische Lage, so stellt sich heraus, daß alle drei im Streifen zwischen dem 15. und 35. Breitengrad liegen, dessen Zentrum mit dem jeweiligen Wendekreis (Krebs und Steinbock) zusammenfällt. Dies ist der Bereich, in dem alle großen Wüsten zu finden sind.

Vielleicht klingt es ein wenig paradox, aber diese Wüsten sind eine Folge des sehr feuchten Klimas in den niedrigen Breitengraden, das in der Lage ist, den tropischen Regenwald zu ernähren. Die Luft, die am Äquator aufgrund der Konvektion aufgestiegen ist und daher zahlreiche Niederschläge verursacht hat, bewegt sich in der oberen Atmosphäre in die Richtung der jeweiligen Pole. Inzwischen abgeregnet, senkt sie sich in den oben beschriebenen Breiten wieder ab. Da sie beim Absinken erwärmt wird, verringert sich der relative Feuchtigkeitsgehalt stetig, was ein trockenes Klima mit extremen Temperaturen zur Folge hat.

Kurioserweise verfügen nur die Westküsten der Kontinente in diesen Breiten über ein so trockenes Klima. Atacama in Chile, die Namib in Südwestafrika und Südkalifornien sind Küstenwüsten, in denen man einen gewissen Einfluß der maritimen Luft auf das Klima vermuten könnte. Dies ist aber aus zwei gewichtigen Gründen nicht der Fall.

Einerseits geben die subtropischen, maritimen Hochdruckgebiete an ihrem östlichen Rand trockene Luft ab. Andererseits existieren kalte Meeresströmungen, die parallel zur Küste von den Polen zum Äquator fließen. Dazu gehören der Humboldtstrom an den Küsten Chiles und Perus und die Strömung an der südwestlichen Küste der USA in Kalifornien. Die warme Luft des Hochdruckgebiets zirkuliert über diesen kalten Strömungen und kühlt sich dabei ab. Dadurch bilden sich die dichten Nebel, die für diese Wüstenregionen so charakteristisch sind. Da kalte Luft schwerer ist als warme, und die Sonneneinstrahlung aufgrund der Nebel kaum am Boden anlangt, entsteht eine starke thermische Inversion (Temperaturumkehrung), die die Auflösung der Nebelwände verhindert. Normalerweise würde sich die Luft beim Kontakt mit der Erde wieder erwärmen.

ANPASSUNG DER PFLANZEN AN DIE TROCKENHEIT

Zunächst könnte man denken, daß die Pflanzen der Wüstenregionen aufgrund der Wasserknappheit spezielle physiologische Mechanismen besitzen, um dem Boden das nötige Wasser zu entziehen. So würde z.B. ein höherer osmotischer Zellendruck (d. h. eine höhere Konzentration gelöster Substanzen im Zellsaft als in feuchteren Gebieten) die Fähigkeit der Wasseraufnahme steigern. Solche Mechanismen existieren jedoch nicht.

Die Pflanzen nehmen das Wasser durch die Wurzeln auf und geben es durch die Blätter wieder ab. Je geringer die Verfügbarkeit von Wasser im Boden ist, desto größer ist der Abstand zwischen den einzelnen Pflanzen.

Mit anderen Worten: Es steht zwar weniger Wasser zur Verfügung, aber weil auch an weniger Pflanzen zu verteilen ist, erhält jede Pflanze mehr oder weniger die gleiche Menge.

Es scheint logisch, daß in diesem Fall die Wurzeln sehr ausgedehnt sein müssen, was aber nicht gleichzeitig tiefgehend bedeutet. Im allgemeinen fallen die Niederschläge in der Wüste als Platzregen und befeuchten so nur die oberste Bodenschicht. Aus diesem Grunde wäre die

Wüsten und trockene Klimabereiche

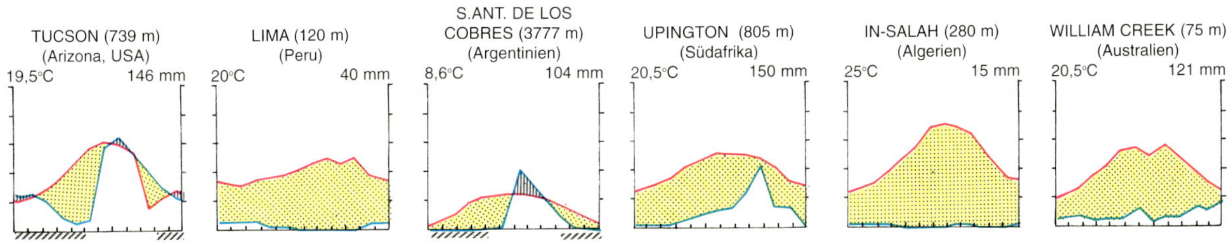

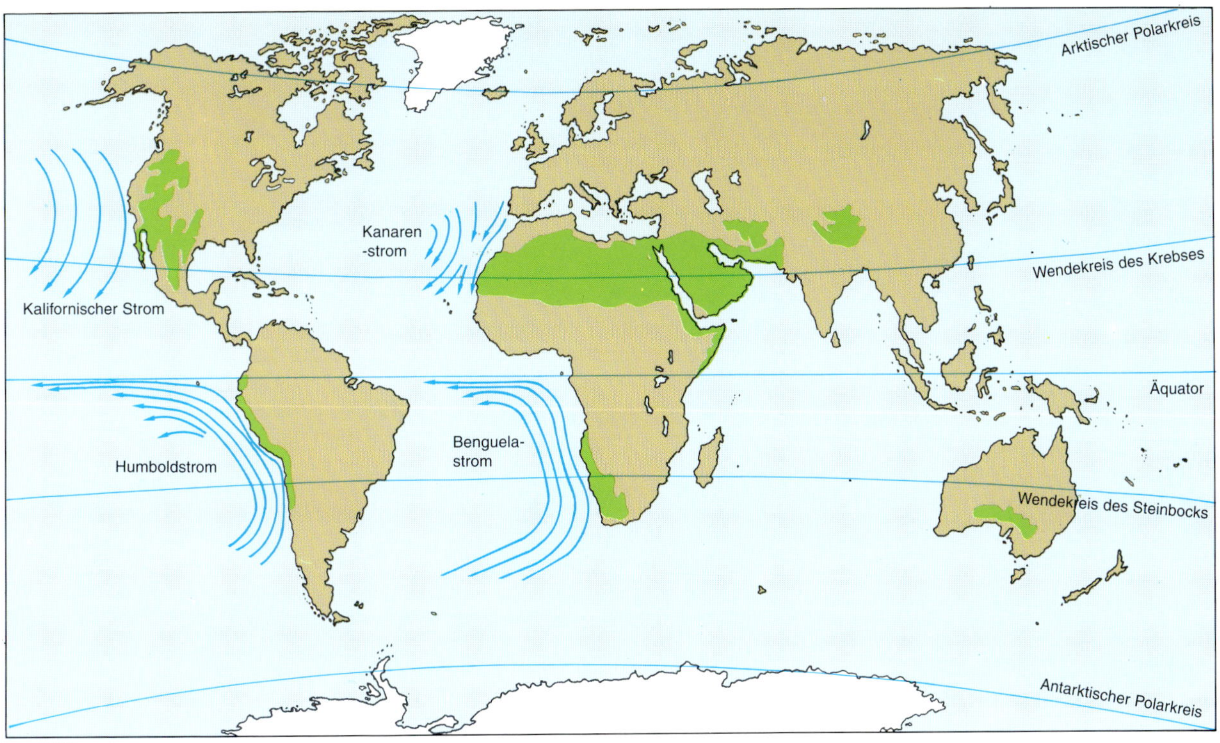

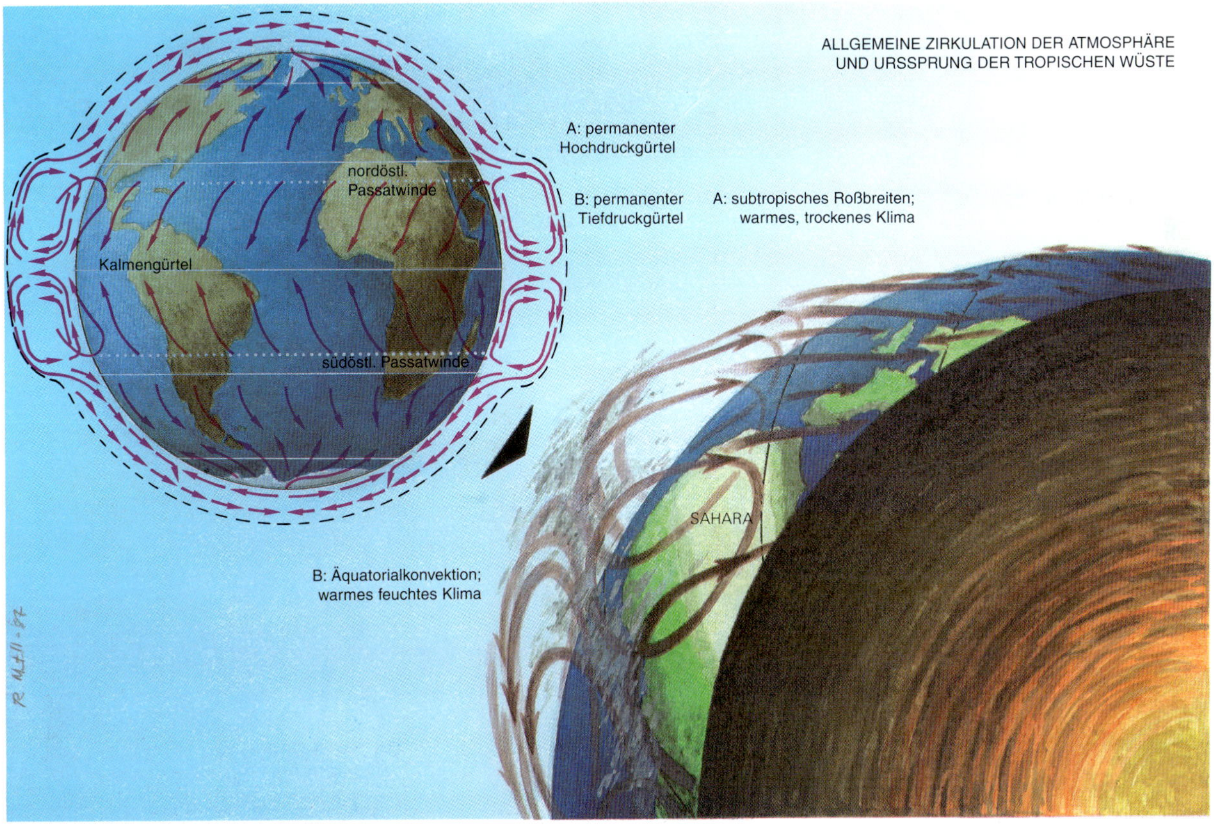

optimale Lösung ein nicht sehr tiefgehendes, ausgedehntes und kräftiges Wurzelsystem. Ein hervorragendes Beispiel dafür ist der berühmte Saguaro *(Carnegia gigantea)*, ein Riesenkaktus der Sonorawüste, dessen Wurzeln in der Horizontalen eine Länge von bis zu 30 m erreichen. Die Wüstenpflanzen mit tiefgehenden, pfahlförmigen Wurzeln ernähren sich für gewöhnlich von unterirdischen Wasseradern.

Trotzdem hängt die Verfügbarkeit des Wassers in großem Maße von der Bodenbeschaffenheit ab. Während in den feuchten Gegenden die sandigen Böden trockener sind als die tonhaltigen, ist dies in den Wüstengegenden genau umgekehrt. So hält ein Boden aus feinem, tonhaltigen Material mehr Wasser zurück, benötigt aber auch mehr Zeit, um es wieder zu absorbieren. In einen Boden aus groben Materialien und mit großen Poren dringt das Wasser wesentlich schneller und tiefer ein. Je tiefer das Wasser in den Boden eintritt, desto geschützter ist es vor der Verdunstung, die nur an der Oberfläche stattfindet.

Auch wenn die Wüstenpflanzen scheinbar über keine speziell ausgebildeten Mechanismen der Wasseraufnahme verfügen, müssen sie doch eine gewisse Strategie anwenden, um die bis zu mehreren Jahren dauernden Dürreperioden überleben zu können. Eine große Zahl der Wüstenkrautgewächse sind Ephemere, die die kurze, fast allen Wüsten gemeinsame Regenzeit nutzen, um ihren Lebenszyklus zu entwickeln. Den Rest der Zeit verbringen sie in Samenform (einjährige Pflanzen oder Therophyten), oder sie überleben unter der Erde mit Hilfe unterirdischer Organe (z.B. einer Knolle bei den Geophyten).

Andere Arten behalten ihre äußeren Wachstumsorgane während der Trockenperiode, ertragen aber einen gewissen Grad an extremer Austrocknung und verharren in einem latenten Wartezustand. Sobald es ein wenig regnet, nehmen sie Wasser auf und leben wieder auf. Zu dieser Gruppe gehören einige Flechten und Moose sowie Farne wie der Moosfarn *(Selaginella lepidophilla)*, der in der Wüste im Norden Mexikos vorkommt.

Durchquert man ein Gebiet mit zunehmender Trockenheit, wie etwa ausgehend von Zentralchile mit seinem mediterranen Klima in nördlicher Richtung, durch halbwüstenartige Gebüsche, bis man schließlich in die Wüste gelangt, kann man sehr gut die Anpassungstendenzen der Pflanzen an die Dürre beobachten. Die Pflanzen im mediterranen Klima sind vorwiegend sklerophyller Art, d.h. ihre Blätter sind immergrün, haben eine kleine Oberfläche, eine dicke Kutikula und sind außerdem wasserundurchlässig. Hinzu kommt, daß sich die Spaltöffnungen (Stomata), die normalerweise nur an der Unterseite des Blatts zu finden sind, bei großer Trockenheit verschließen. So wird die Verdunstung und damit der Wasserverlust auf ein Minimum reduziert. Durch die Beibehaltung des Laubwerks können sie in jeder Jahreszeit die Photosynthese durchführen. Nach dem Schließen der Spaltöffnungen und Unterbrechung der Verdunstung ist die Photosynthese allerdings nur noch bedingt möglich.

In Halbwüstengebieten haben die sklerophyllen Arten lediglich eine zweitrangige Bedeutung. Es dominieren vor allem die regengrünen Arten, die ihre Blätter während der Trockenperiode verlieren. Die Blätter sind breit und ohne dicke Kutikula, die sie vor Wasserverlust schützen würde. Auch die Spaltöffnungen der Blätter werden bei Wasserknappheit nicht verschlossen. Nimmt die Trockenheit dramatische Ausmaße an, verringern sie den Wasserverlust, indem sie die Blätter abwerfen. Zu diesem Zeitpunkt haben sie dank ihrer hohen Photosynthesefähigkeit bereits doppelt soviel Zucker produziert wie ein sklerophyller Baum im ganzen Jahr. Zu der Gruppe der regengrünen Laubgewächse gehören zahlreiche Pflanzen wie die mexikanische Fichte *(Fouqueria splendens)*, der Weihrauch *(Encelia farinosa)* und die Mönchskrone *(Encelia tomentosa)*. Es gibt Arten, wie das Grünholz *(Cercidium microphyllum, Cercidium floridum)*, die ihre ohnehin kleinen Blätter während der Trockenperiode verlieren und durch den chlorophyllhaltigen Stengel Photosynthese betreiben.

In den trockensten Regionen gewinnen die dickfleischigen (sukkulenten) Pflanzen an Bedeutung. Ihre Strategie gegen die Trockenheit könnte eindeutiger nicht sein: Wenn es regnet, nehmen sie riesige Mengen an Wasser auf und verwahren es in großen Zellen, die in den Blättern oder Stengeln sitzen und sich in wahrhaftige Zisternen verwandeln. Typische Pflanzen mit sukkulenten Blättern sind der Maguey (eine Agavenart), die Winzdattel (eine Yuccaart) aus der Wüste in Nordmexiko und die Puya *(Puya chilensis, Puya beteroniana)* aus der chilenischen Wüste. Häufiger wird das Wasser in den Stengeln gespeichert, weil diese Pflanzen gewöhnlich sehr kleine Blätter oder Dornen haben. Dies ist z.B. bei den Kakteen der Fall, die in den Wüsten Mittel- und Südamerikas sehr erfolgreich überleben. Wir verweisen hier unter den baumartigen Gewächsen auf den Saguaro, den Cirio *(Idria columnaris,* kubanische Baumart) und den Säulenkaktus *(Trichocereus chilensis*, Kaktusart aus Chile) und auf den Kugelkaktus *(Echinocactus cerafites)* mit seiner kugelförmigen Gestalt.

DIE PHOTOSYNTHESE DER WÜSTENPFLANZEN

Die Grenze, die die Trockenheit dem Pflanzenleben setzt, hat die Entstehung von biochemischen Mechanismen in den Pflanzen der Trockenregionen begünstigt. Diese ermöglichen die Durchführung der Photosynthese bei sehr geringer Transpiration, d.h. mit einer enormen Wasserersparnis.

Die Mehrheit der Pflanzen in der gemäßigten Region assimilieren das CO_2 der Atmosphäre mit Hilfe eines Stoffwechselprozesses, dem sogenannten Calvin-Benson-Zyklus. Dabei ist das erste synthetisierte Produkt ein Molekül aus drei Kohlenstoffatomen, weshalb diese Pflanzen auch als C_3-Pflanzen bezeichnet werden.

Viele Gräser tropischer Herkunft *(Panicum, Pennisetum, Setaria)* und zweikeimblättrige Arten wie *Atriplex, Kochia* und *Portulaca* haben einen alternativen Weg entwickelt, bei dem das erste

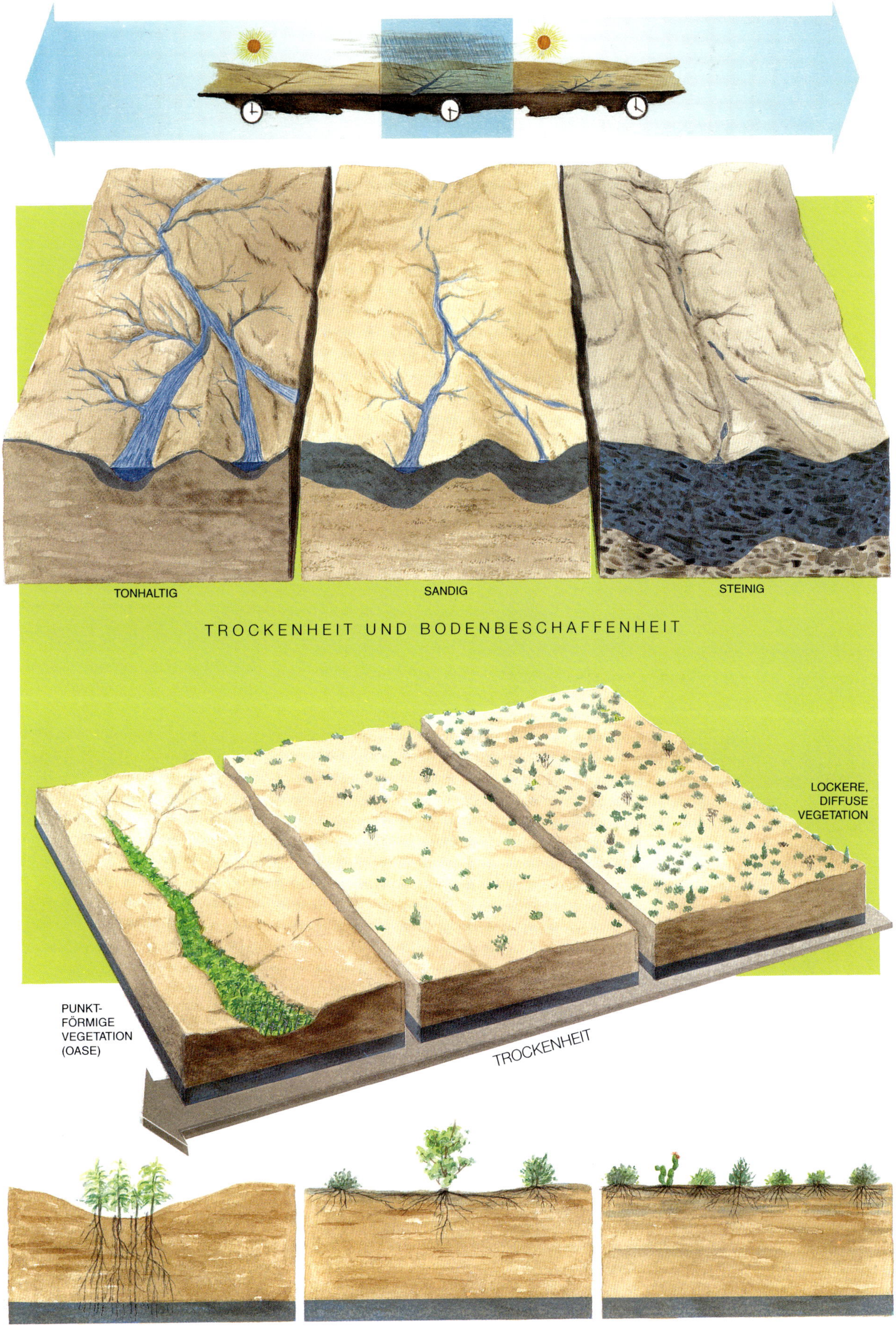
TONHALTIG
SANDIG
STEINIG
TROCKENHEIT UND BODENBESCHAFFENHEIT
LOCKERE,
DIFFUSE
VEGETATION
PUNKT-
FÖRMIGE
VEGETATION
(OASE)
TROCKENHEIT

Produkt eine Zusammensetzung aus vier Kohlenstoffatomen ist (C_4-Pflanzen). Der Mechanismus ist allerdings sehr kompliziert. Das C_4-Molekül wird in den Zellen des inneren Blattgewebes (Mesophyll) produziert, die es allerdings nicht in das hauptsächliche Produkt der Photosynthese (Zucker) verwandeln können. Diese Aufgabe verrichten die Nachbarzellen des Sklerenchyms (der Leitbündelscheide). Dort wird das C_4-Molekül aufgespalten, und es entsteht CO_2, das nun dem normalen Stoffwechselweg des Calvin-Zyklus folgt. Dieser komplexe Mechanismus erlaubt den C_4 Pflanzen, CO_2 in wesentlich geringeren Konzentrationen zu assimilieren als die C_3-Pflanzen. Dadurch können ihre Blätter die Spaltöffnungen (Stomata) schließen und den Wasserverlust verhindern, ohne die Photosynthese allzusehr zu behindern.

Doch auch so geben die Pflanzen im Verlauf dieses Prozesses Wasser ab. Die sukkulenten Pflanzen (CAM-Pflanzen) sind diesbezüglich bis zu einem beachtenswerten Anpassungsgrad fortgeschritten. Sie öffnen ihre Stomata nur nachts, wenn der Wasserverlust durch Transpiration geringer ist. An diesem Punkt führen sie das CO_2 der Atmosphäre in den C_4-Vorgang ein und bilden verschiedene organische Säuren. Diese sammeln sich in den Zellenvakuolen, da sie wegen Lichtmangel nicht in den Stoffwechsel einbezogen werden können. Tagsüber schließen die Sukkulenten ihre Stomata und erhalten aus den nächtlich geschaffenen Säuren CO_2 zurück, das sie in den Calvin-Zyklus einbringen. So agieren die Vakuolen der Sukkulenten wie eine Art Wasser- und CO_2-Reserve, und die Pflanzen können die Photosynthese mit der größtmöglichen Wirtschaftlichkeit im Wasserverbrauch durchführen.

DIE WÜSTEN MITTEL- UND SÜDAMERIKAS

DIE SONORAWÜSTE

Diese Wüste erstreckt sich vom Südwesten der USA bis in den Norden Mexikos, in den nördlich von Sinaloa und der südkalifornischen Halbinsel gelegenen Bundesstaat Sonora. Es handelt sich um ein flaches Gebiet, bestehend aus riesigen Ebenen, das nur sporadisch von kleinen Gebirgszügen unterbrochen wird. Das Klima ist trocken und warm, mit Temperaturen die in zwei oder drei aufeinanderfolgenden Monaten 37° C übertreffen können. Im Gegensatz dazu sind die Winter kalt, mit Temperaturen unter dem Gefrierpunkt. Auf der südkalifornischen Halbinsel sind die Temperaturen milder, was auf den Dämpfungseffekt der kalten Gewässer der kalifornischen Strömung zurückzuführen ist. Im Golf von Kalifornien sind die Regenfälle mit einem Jahresdurchschnitt zwischen 50 und 100 mm sehr gering, aber bereits in den von der Küste weit entfernten höhergelegenen Gebieten erreicht die jährliche Niederschlagsmenge bis zu 300 mm.

Große, ausgedehnte Flächen sind von einer strauchartigen Steppe aus Kreosotsträuchern *(Larrea divaricata)* und Burro *(Franseria dumosa)* bedeckt. Neben dieser Steppe existiert in den steinigen Hügeln und Bergabhängen mit ihrer gröberen Bodenbeschaffenheit eine artenreiche Pflanzengemeinschaft. Es handelt sich um kleinblättrige Bäume, Sträucher und zahlreiche Kakteen. Die hauptsächlichen Arten sind das Grünholz *(Cercidium microphyllum)* und der bereits erwähnte Saguaro, ein riesiger Kaktus mit einem Gewicht von bis zu 6 t. Andere typische Spezies sind das Eisenholz *(Olneya tesota)*, der Balsambaum *(Bursera microphylla)* und Kakteen wie die baumartigen Feigenkakteen *(Opuntia bigelovii, Opuntia fulgida)*.

Die Vegetation Südkaliforniens ist hingegen ganz anders strukturiert. Hier dominiert ein dickblättriges Gebüsch mit kleinen Sträuchern wie der *Franseria magdalenae* und der *Franseria chenopodifolia*. Sukkulenten wie der Mezcal *(Agave deserti)*, der Riesenmaguey *(Agave shawii)*, der Cirio, sowie unzählige Kakteen von der Art der *Opuntia, Pachycereus* und *Machaerocereus* stechen dabei hervor. In den gleichen Pflanzengemeinschaften leben der Weihrauch *(Encelia farinosa)*, die Winzdattel *(Yucca valida)*, eine andere für diese Region typische Sukkulentenart; der Mezquitenstrauch *(Prosopis juliflora)* und die Jojoba *(Simmondsia chilensis)*, aus der ein Öl gewonnen wird, das in der pharmazeutischen Industrie und in Kosmetika Anwendung findet.

DIE PERUANISCH-CHILENISCHE WÜSTE

Die Wüste dehnt sich entlang der Pazifikküste zwischen dem 5. und 30 Grad südlicher Breite aus. Man kann hier zwei für sich typische Regionen hervorheben: einerseits das Küstenwüstengebiet, trocken und frisch und in beständigen Nebelfeldern versunken; andererseits die Wüste im Landesinneren, mit strahlend blauem Himmel und extremeren Temperaturen, die sich im Osten bis zu den Ausläufern der Anden erstreckt.

Die Niederschlagsmenge beträgt in Piura, im Norden Perus, 80 mm und nimmt in südliche Richtung, in der nördlichen Region Chiles bis auf 0 mm ab. In Coquimbo (Chile) erreicht sie dann wieder bis zu 110 mm pro Jahr.

Im küstennahen Wüstengebiet hängt das pflanzliche Leben vom Kondenswasser der Nebelbänke ab. Sehr typisch sind hier die Tillandsien oder Pflanzengemeinschaften von der Gattung Luftnelke *(Tillandsia)*, die speziell an diese Art der Wassergewinnung angepaßt sind. Ihre Blätter verfügen über absorbierende Haare, die direkt die Wassertröpfchen des Kondenswassers aufnehmen können.

Im Norden Chiles, wo sich die Küstenkordilleren an das Meer annähern, dabei gleichzeitig zerklüfteter werden und an Höhe zunehmen, ermöglicht das Kondenswasser der Nebel die Ansiedlung einer Vegetation aus Sträuchern und baumartigen Kakteen, die man als Lomavegetation bezeichnet. Diese Pflanzengemeinschaft ist an den westlichen Abhängen beheimatet, in einer Höhe zwischen 300 und 800 m, in direkter Nachbarschaft zum Nebelgürtel. Unter den am häufigsten anzutreffenden Sträuchern befindet sich der

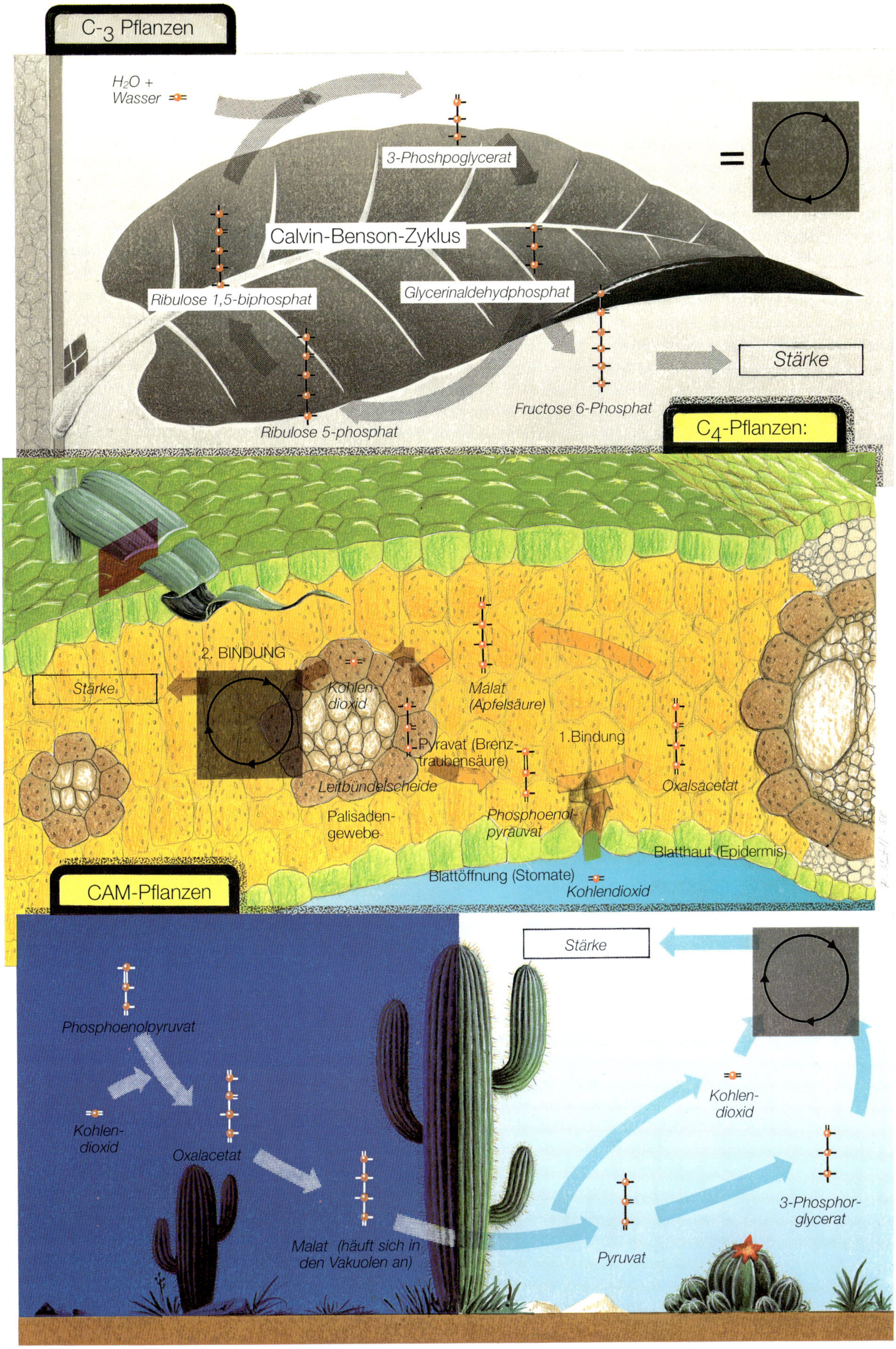
C-3 Pflanzen
H_2O +
Wasser
3-Phoshpoglycerat
Calvin-Benson-Zyklus
Ribulose 1,5-biphosphat
Glycerinaldehydphosphat
Stärke
Fructose 6-Phosphat
Ribulose 5-phosphat
C4-Pflanzen:
2. BINDUNG
Stärke
Kohlen-
dioxid
Malat
(Apfelsäure)
Pyravat (Brenz-
traubensäure)
1.Bindung
Leitbündelscheide
Oxalsacetat
Palisaden-
gewebe
Phosphoenol-
pyrauvat
Blatthaut (Epidermis)
Blattöffnung (Stomate)
Kohlendioxid
CAM-Pflanzen
Stärke
Phosphoenolpyruvat
Kohlen-
dioxid
Oxalacetat
Malat (häuft sich in
den Vakuolen an)
Kohlen-
dioxid
3-Phosphor-
glycerat
Pyruvat

Chamisilla *(Bahia ambrosiodes)*, der Lechero *(Euphorbia lactiflua)*, die Tipia *(Proustia tipia)* und der Fuchsschwanz *(Ophryosporus foliosus)*. Die Kakteen sind hauptsächlich von der Gattung *Copiapoa, Eulychnia, Opuntia* und *Eriosyce*.

Oberhalb der Nebelschicht nimmt die Vegetation deutlich sichtbar an Artenvielfalt ab, und der Busch verwandelt sich zusehends in eine offene Wüste, in der die kugelförmigen Kakteen dominieren. Der Kukelkaktus *(Echinocactus ceratites)* ist dafür sehr bezeichnend. In einer Höhe von 1.000 m beginnt die innere Wüste, in der keine Spuren pflanzlichen Lebens zu finden sind - außer an Stellen, wo unterirdische Grundwasserläufe direkt unter der Bodenoberfläche verlaufen. In diesen regelrechten Oasen wachsen die offenen Wälder und schütteren Wälder des Tamarugobaumes *(Prosopis tamarugo)*, des Johannisbrotbaumes *(Prosopis chilensis)* und des Chañar *(Geoffrea decorticans)*.

In Richtung der Großen Kordilleren, mit zunehmender Höhe und dem wachsenden Einfluß der Sommerregen der Puna, taucht eine Gemeinschaft aus säulenartigen Kakteen auf - der Armleuchter *(Browningia candelaris)*, die Großdistel *(Trichocereus farapacanus)* und andere, zwischen denen Sträucher wie die *Franseria fruticosa, Kaegeneckia lanceolata, Diplosthephium tacorense* usw. gedeihen.

Südlich des 27. Breitengrads, unter dem Einfluß der günstigeren Bedingungen der benachbarten mediterranen Region, ist ein deutlicher Anstieg der Niederschläge zu beobachten. Die Trockenperiode zieht sich über 8-9 Monate hin, drei bis vier Monate im Winter sind halbfeucht. Dies ist der Zeitraum, auf den sich die Wachstumsphase der Pflanzen konzentriert. Dennoch sind Dürreperioden von drei, vier Jahren oder länger nicht ungewöhnlich. Einem solchen Klima entspricht generell eine artenreiche, strauchartige Halbwüste. Sobald die Niederschläge ihren Höhepunkt erreichen, keimt ein Teppich aus kurzlebigen Pflanzen mit wunderschönen Blüten, die aber in wenigen Tagen wieder verschwinden und vielleicht erst in ein paar Jahren wieder das Sonnenlicht erblicken. Hier sind unter anderem die einjährigen Arten der Calandrinia, Nolana, Tetragonia und Oxalis hervorzuheben. Eine gewisse Bedeutung kommt auch den knollenförmigen Geophyten zu, wie dem *Hippeastrum*, der *Tecophelia* und der *Alstroemeria*. Die Physiognomie dieser Vegetation wird allerdings von den Strauchgewächsen mit Spezies wie Goldpokal *(Balbisia oeduncularis)*, Mönchskrone (Encelia tomentosa), Riesensauerklee *(oxalis gigantea)*, Stummelholz *(Fuchsia lycioides)*, dem Chilenischen Melonenbaum *(Carica chilensis)* und der Sukkulenten Puya *(Puya chilensis)* bestimmt. Die Kakteen, die sichtbar aus dem Landschaftsbild hervorstechen, fehlen auch hier nicht, wie der bereits erwähnte Säulenkaktus oder der Kugelkaktus *(Echinocactus accutisimus)*.

Im Süden grenzt diese Wüste an eine Region mit Hartlaubbäumen mit mediterranem Klima, die bereits in einem anderen Kapitel dieses Buchs beschrieben wurde (siehe S.36).

DIE PUNA

Zwischen dem 15. und 27. südlichen Breitengrad gabeln sich die Andenkordilleren in zwei große Arme, die ein mehr oder weniger ebenes, 3.500-4.000 m hoch gelegenes Gebiet einschließen, das von Gebirgsreihen unterbrochen wird, die leicht die 5.000 m- Grenze überschreiten: die Puna oder der peruanische Altiplano.

Das vorherrschende Klima ist trocken und kalt, mit enormen Temperaturunterschieden im Jahresverlauf und Regenfällen ausschließlich im Sommer. Sind die Temperaturschwankungen über das ganze Jahr gesehen schon enorm groß, so sind sie im Verlaufe eines Tages noch extremer. An einem einzigen Tag sind Temperaturunterschiede von 21 bis 27° C gemessen worden. Die Niederschläge verringern ihre Häufigkeit von Norden nach Süden und von Osten nach Westen. Die maximale Niederschlagsmenge beträgt 400 mm (feuchte Puna), die minimale Menge 100 mm (Wüstenpuna oder Puna von Atacama). Wie für ein Wüstenklima typisch, gesellt sich zum Mangel an Niederschlägen auch deren Unregelmäßigkeit über mehrere Jahre hinweg.

Das konstante Wasserdefizit, der niedrige Feuchtigkeitsgehalt in der Atmosphäre, die intensive Sonnenstrahlung in großen Höhen und die enormen Temperaturschwankungen mit nächtlichen Werten, die ganzjährig unter dem Gefrierpunkt liegen, sind die hauptsächlichen klimatischen Faktoren, die die Anpassungsmerkmale der Punaflora bestimmen.

Der fast ständige Wassermangel, die niedrige Luftfeuchtigkeit, die intensive Sonneneinstrahlung in großer Höhe und die starken täglichen Temperaturschwankungen das ganze Jahr über mit nächtlichen Werten unter dem Gefrierpunkt sind die hauptsächlichen Klimafaktoren, die die Anpassungen der Flora in der Andenhochebene herbeiführten. Diese Eigenschaften gewährleisten - z.B. durch Verringerung der Transpiration - die Wasseraufnahme und -speicherung sowie den Schutz vor Kälte.

Das rauhe Klima bringt karge, oft sandige oder felsige Böden mit sich, die aufgrund langsam ablaufender Verwesungsvorgänge in einem solch trockenen und kalten Klima sehr arm sind an organischem Material. Zudem sammeln sich wegen der starken Verdunstung in den tieferen Lagen große Mengen löslicher Salze an, die den Boden völlig unfruchtbar machen (Salzwüsten). In dieser Landschaft herrschen Steppen mit sehr weit auseinanderliegenden Sträuchern und Gräsern vor. Die einzige baumartige Vegetation stellen die kleinen Queñoastäucher dar *(Polylepis tomentella)*, die in den geschützten Schluchten wachsen.

Die Strauchebene charakterisiert die Landschaft der Hochebene in 3.400 bis 4.300 Metern Höhe. Es handelt sich um eine Gemeinschaft, die einen halben bis zu einem Meter hoch ist und von Sträuchern beherrscht wird,

Larrea divaricata
Agave shawii
Franseria dumos
Carnegia gigantea
Tillandsia sp.
Balbisia peduncularis
Prosopis chilensis
Puya chilensis
Calandrinia crassifolia

zwischen denen große Zwischenräume mit nacktem Boden liegen. Die meistverbreiteten Arten sind die *Fabiana densa*, die die geringe Größe ihrer Blätter durch Chlorophyllgewebe in ihren jungen Zweigen augleichen, die Añagua *(Adesmia horridiuscula)* mit ihren Dornen und die Chijua *(Baccharis boliviensis)*. Weiterhin finden sich das Stechröschen *(Junelia seriphioides)*, die Lejía *(Baccharis incarum)* und auch Pflanzen mit sklerophyllen, drüsenreichen Blättern, die Harz absondern und dadurch die Epidermis vor allzu hoher Transpiration schützen; die Mocoraca *(Senecio viridis)* mit sukkulenten Blättern, die Rica-Rica *(Acantholippia hastulata)*, die Suriyanta *(Nardophyllum armatum)* und andere.

In den sandigen Niederungen, auf phreatischer, nicht besonders tiefer Ebene und an den Flußufern gedeihen die typischen Tolaren - Strauchgemeinschaften, die mit Härchen übersät sind *(Parastrephia lepidophylla)*: es handelt sich dabei um Pflanzen mit schuppenförmigen, dicht und eng am Stiel anliegenden Blättern wie die der Zypresse. In ihrer Nähe befinden sich oft Cortaderien *(Cortaderia speciosa)* und die Muña-Muña *(Satureja parvifolia)*.

Die Grassteppe beherrscht die Andenlandschaft in einer Höhe von 4.300 bis 5.000 Metern. Die Temperatur liegt hier im Jahresdurchschnitt unter Null, und es hagelt und schneit das ganze Jahr über. Es handelt sich um eine Wüstensteppe aus Gräsern *(Festuca orthophylla, Festuca chrysophylla, Poa gymnantha)* mit zusammengerollten Blättern, die die Oberfläche vor allzu hoher Transpiration schützen. Die Pflanzen, die kissen- oder scheibenförmig wachsen wie der Lamamist *(Azorella compacta)*, sind sehr auffallend, wie z.B. der Kaktus *Opuntia atacamensis* und andere Arten der Adesmia-Art, *Pycnophyllum* und andere. Traditionsgemäß sieht man in dieser Wachstumsform eine Anpassung an die Kälte und an die Trockenheit, doch gibt es diesbezüglich viele divergierende Meinungen, und ihre Bedeutungen sind nicht immer klar.

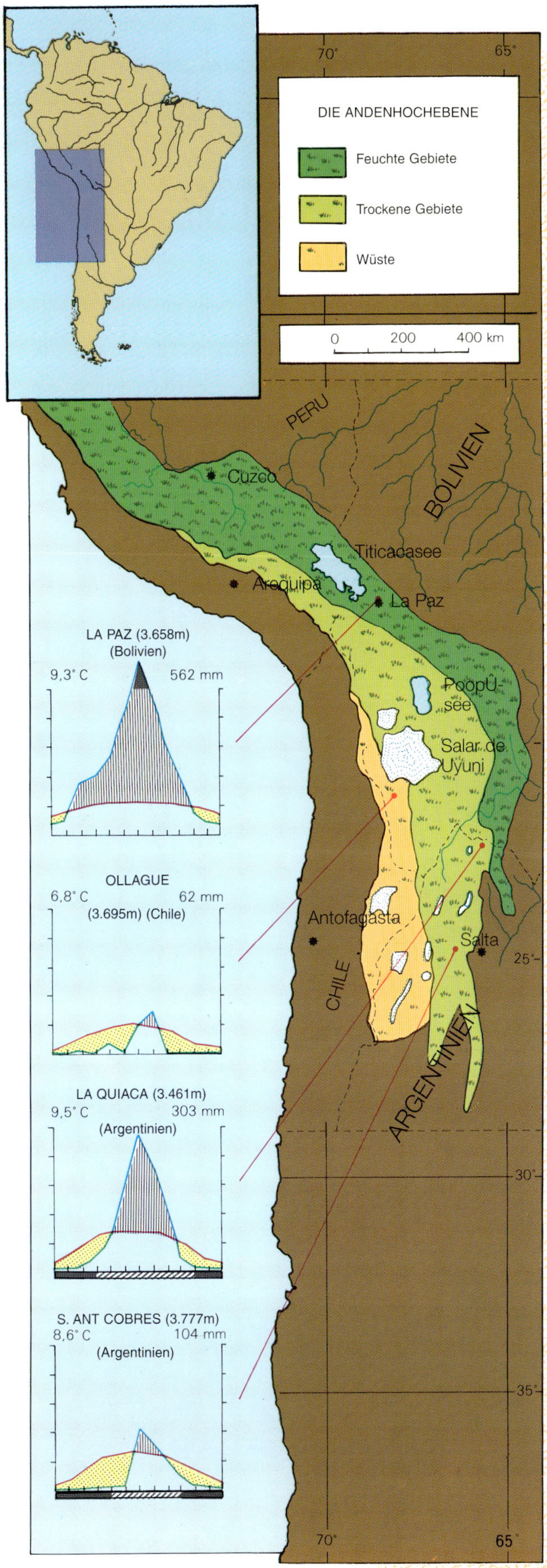
DIE ANDENHOCHEBENE
Feuchte Gebiete
Trockene Gebiete
Wüste
0 200 400 km
70°
65°
PERU
BOLIVIEN
Cuzco
Titicacasee
Arequipa
La Paz
Poopú-see
Salar de Uyuni
Antofagasta
Salta
CHILE
ARGENTINIEN
25°
30°
35°
LA PAZ (3.658m)
(Bolivien)
9,3° C
562 mm
OLLAGUE
6,8° C
62 mm
(3.695m) (Chile)
LA QUIACA (3.461m)
9,5° C
303 mm
(Argentinien)
S. ANT COBRES (3.777m)
8,6° C
104 mm
(Argentinien)

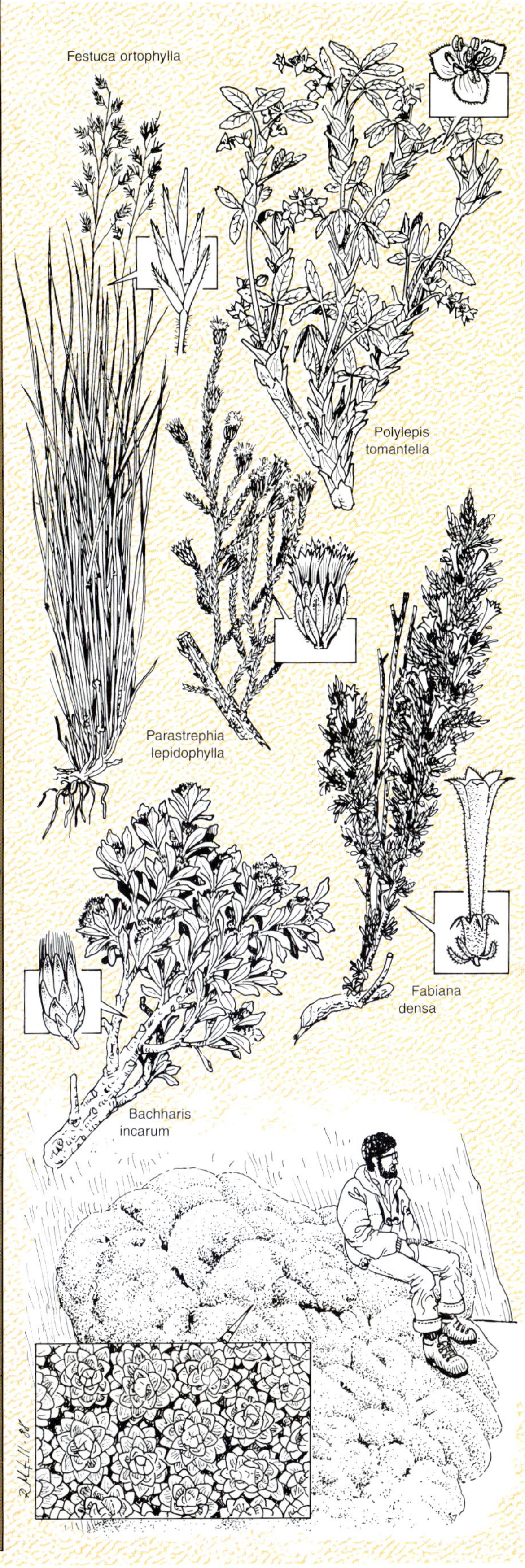
Festuca ortophylla
Polylepis tomantella
Parastrephia lepidophylla
Fabiana densa
Bachharis incarum

Die Vegetation der Gebirge

KLIMA UND HÖHENZONIERUNG

Das hervorstechenste Merkmal der Gebirgsvegetation, und vielleicht auch das einzige, was für alle Gebirge gleichermaßen gilt, ist die Anordnung der verschiedenen Pflanzengemeinschaften in Streifen oder verschiedenen Stockwerken, die sich vom Fuß des Gebirges bis zu seinem Gipfel aneinanderreihen. Der für die Anordnung der Pflanzen entscheidende Faktor ist das Klima. Die klimatischen Bedingungen in den Gebirgen weisen natürlich unterschiedliche Aspekte auf, weshalb man nicht von einem konkreten Gebirgsklima sprechen kann. Doch gibt es eine wichtige Gemeinsamkeit: Je höher man kommt, desto kälter wird es. Die Luftmassen der Ebene werden durch die Bergabhänge gezwungen emporzusteigen. Dabei dehnen sie sich aus und kühlen nach und nach ab - nach einem ähnlichem Prinzip arbeitet übrigens der Kühlschrank: ein Motor dekomprimiert ein in einem Behälter eingeschlossenes Gas, wodurch sich dieses abkühlt. Mit der Temperaturänderung ändert sich auch der Feuchtigkeitsgehalt der Luft, die Niederschlagsmenge, der Wind, die Sonneneinstrahlung, usw. Mit der Veränderung der klimatischen Bedingungen wird der Wettbewerb unter den verschiedenen Pflanzenarten auf eine andere Grundlage gestellt. Jede Spezies ist an bestimmte äußerliche Bedingungen angepaßt. Bei einer Änderung dieser Bedingungen gerät sie gegenüber den an die neuen Bedingungen besser angepaßten Spezies in Nachteil und wird von diesen früher oder später verdrängt. Im Falle der Gebirge bedeutet dies, daß je nach Höhenlage bestimmte Gewächse durch andere ersetzt werden, und sich so die für die Stockwerke spezifischen Pflanzengemeinschaften bilden.

DIE PYRENÄEN

Mit einer Länge von 450 km stellt die Gebirgskette der Pyrenäen die natürliche Grenze zwischen der iberischen Halbinsel und dem Rest des europäischen Kontinents dar. Grundsätzlich kann man vier verschiedene Höhenlagen unterscheiden: die basale, die montane, die subalpine und die alpine. Die verschiedenen Vegetationsgruppen spiegeln die höhenlagenbedingte Variation des Klimas wider. Mit zunehmender Höhe verliert der Sommer seinen mediterranen, trockenen Charakter und wird feuchter und kürzer. Der Winter hingegen wird länger und sehr kalt.

Jedem Stockwerk entspricht eine typische Pflanzenlandschaft, wobei die vorkommenden Pflanzenarten je nach Lage und geographischen Bedingungen wie Ausrichtung der Bergabhänge, Windrichtung, usw. variieren können.

In ansteigender Richtung, am oberen Ende der basalen Höhenlage, in einer Höhe von 1.600 bis 1.700 m, breiten sich die Buchenwälder *(Fagus silvatica)* und Eichenwälder *(Quercus pubescens)* der montanen Stufe aus. Die Vertreter der Nadelbäume, in diesem Fall die Waldkiefer, existieren in dieser Höhe nur auf den trockenen und sonnigen Abhängen an der Grenze der subalpinen Höhenlage.

Sowohl die Buche als auch die Eiche haben breite, weiche und zarte Blätter, die sie jedes Jahr erneuern, was im Widerspruch zur typischen mediterranen Vegetation steht. Es ist deshalb anzunehmen, daß in der montanen Höhenlage keine länger anhaltende Trockenperiode herrscht, was besondere Maßnahmen zur Wasserersparnis unnötig macht. Unter diesen Bedingungen sind die breiten Blätter der Buche und der Eiche wesentlich effizienter und wirtschaftlicher als die sklerophyllen Blätter der immergrünen Spezies. Der Wettbewerb der Arten begünstigt in diesem Falle die sommergrünen Laubbäume, die auch die Landschaft dieser Höhenlage dominieren. Gleichzeitig sind aber die Winter mit Schnee und permanenten Frösten kälter als im mediterranen Raum. Angesichts der Schäden, die das Eis anrichten könnte, ist es deshalb für die Bäume am vorteilhaftesten, die Blätter abzuwerfen und in einen Ruhezustand zu verfallen, um im nächsten Frühling neue Blätter produzieren zu können.

Die subalpine Höhenlage zwischen 1.700 und 2.200 m bringt einen erneuten Wechsel der Landschaft mit sich. Es dominieren die Wälder aus der schwarzen Kiefer *(Pinus uncinata)*, ein Nadelbaum mit spitzen, starren und immergrünen Blättern. Das erstaunlichste ist, daß die Pflanzen in dieser Höhe, in der man keinesfalls irgendwelche wasserbedingten Probleme vermuten sollte, Anpassungsmerkmale gegenüber der Trockenheit aufweisen, die typisch für die mediterranen Wälder sind (lederne, kleine Blätter mit einer dicken Kutikula). Dies scheint insofern übertrieben, als die spitze Form der Kiefernnadeln bereits die kleinste mögliche Verdunstungsoberfläche bietet. Die Anpassung geht sogar so weit, daß das Blattwerk erneut zum immergrünen Charakter zurückkehrt. Wie ist dieser Strategiewechsel zu erklären? In der subalpinen Höhenlage herrscht verständlicherweise keine sommerliche Trockenheit, doch benötigen die sommergrünen Laubbäume einen relativ warmen und langen Sommer (mindestens vier Monate), um ihr Wachstum zu gewährleisten und die Energiereserven anzusammeln, die für die Produktion neuer Blätter im nächsten Jahr notwendig sind.

Diese klimatischen Bedingungen sind in der subalpinen Höhenlage nicht gegeben, wo der Sommer zu kühl und zu kurz ist, um diese Anforderungen zu erfüllen.

Zoneneinteilung der Pyrenäen

Deshalb begünstigt das subalpine Klima Arten wie die schwarze Kiefer, die ihre Nadelblätter das ganze Jahr über behalten. Natürlich müssen diese Blätter während der sehr kalten Winter vor der zerstörerischen Tätigkeit des Eises und der von ihm verursachten Trockenheit bewahrt werden. So ist die sklerophylle Struktur der Blätter zu erklären. In der Höhe von 2.100 bis 2.200 m wird das Klima auch für Nadelhölzer zu kalt. Wenn der Zeitraum, in dem die Pflanzen ihren Vegetationszyklus vollziehen (Wachstumsphase), nicht mindestens drei Monate dauert, können sich die jungen Nadelblätter nicht vollständig entwickeln, und ihre Kutikula erreicht nicht die notwendige Stärke. Als Folge sind sie nicht in der Lage, einem erneuten Winter standzuhalten, und der Baum stirbt.

Diese klimatischen Bedingungen markieren das Ende der subalpinen Höhenlage und der Waldlandschaft. In größeren Höhen, bereits in der alpinen Höhenlage, ist der Baum als biologische Form zu groß und wächst zu langsam. Die extreme klimatische Härte der Hochgebirgsregion erfordert kleine Formen, die fähig sind, ihre äußerlichen Organe in der sehr kurzen sommerlichen Wachstumsphase zu entwickeln, in der die Frostgefahr minimal ist. So ist die alpine Höhenlandschaft fast ausschließlich von Krautgewächsen bedeckt. Es sind mehrjährige Gewächse, die ihre Blätter jährlich erneuern, deren Stengel und Wurzeln aber unter der Oberfläche überleben und in einer Art Ruhezustand die nächste Wachstumsphase abwarten.

DIE ANDEN

DIE VIELFALT DER ANDENLANDSCHAFTEN

Mit einer Ausdehnung von über 7.000 km (fast zweimal die Entfernung zwischen dem nördlichsten und südlichsten Punkt Europas) bieten die Anden eine solche Vielzahl an breitengradabhängigen Vegetationsfolgen, daß es unmöglich ist, ein einheitliches Schema der Höhenzonierung zu entwerfen. Berücksichtigt man zudem den Einfluß geographischer Faktoren, wie z.B. die Ausrichtung der Gebirge bezüglich der vorherrschenden Winde oder den maritimen oder kontinentalen Charakter dieser Winde, so stellt sich die Situation noch wesentlich komplexer dar.

In äquatornahen Breiten bedeckt die Waldvegetation in ihren verschiedenen Erscheinungsbildern bis zu einer Höhe von 3.500-4.000 m auf der Amazonas- und der Pazifikseite die Gebirgsausläufer der Anden. In größeren Höhen überläßt der Wald das Terrain der Pàramovegetation, und man findet eine offene, für die tropischen Hochgebirgsregionen typische Landschaft mit zwergwüchsigen Bäumen, Büschen und Krautgewächsen.

Weiter südlich, auf der Höhe Perus und des nördlichen Chile, ist der kalte Humboldtstrom, der an der Küste in Richtung Äquator vorbeizieht, dafür verantwortlich, daß am Pazifikabhang der Anden ein extrem trockenes Klima herrscht. Man findet hier nackte Böden ohne jegliche Spur von pflanzlichem Leben oder eine Vegetation aus Sträuchern und Sukkulenten, die besonders an die extreme Trockenheit angepaßt sind. Auf der anderen Seite, dem atlantischen Andenabhang, herrscht hingegen tropisches oder subtropisches Klima. Die Existenz von Wäldern ist analog zur Vegetation in den niedrigeren Breiten, wenn auch gewisse Unterschiede in der konkreten Zusammensetzung der Pflanzengemeinschaften vorhanden sind. Etwas höher, die Höhengrenze der Waldvegetation hinter sich lassend, breitet sich der Altiplano oder die Puna aus: eine weite Hochebene in einer Höhe von 4.000 m, mit kaltem und trockenem Klima, bedeckt von Sträuchern und Graspflanzen.

Weiter in südlicher Richtung gehen die Anden erneut vollkommen in den Einflußbereich der Westwinde über. Die Gebirge erheben sich direkt aus dem Pazifik, und die Landschaft besteht aus kleinen Flußdeltas und Fjorden, ähnlich wie an der skandinavischen Atlantikküste. Die Westwinde sind durch das aufragende Gebirge gezwungen emporzusteigen und erzeugen dabei ein Klima, das man als gemäßigt bis gemäßigt-kalt bezeichnen kann. Die Niederschläge fallen hier im Überfluß und begünstigen je nach Höhenlage die Ansiedlung von immergrünen oder sommergrünen Laubbwäldern. Über die Gebirgsspitzen hinweg durchqueren die inzwischen kalt und trocken gewordenen Winde die patagonische Ebene, die sich aufgrund der Trockenheit und der niedrigen Temperaturen in eine Strauch- oder Grassteppe verwandelt hat. Die Vegetation Patagoniens ist der Pflanzengemeinschaft in der Puna sehr ähnlich.

EINE TROPISCHE ZONENEIN-TEILUNG: DIE ÄQUATORIALEN ANDEN

Ein plastisches und vollständiges Modell für das Verständnis der Zoneneinteilung der tropischen Anden bieten die kolumbianischen Anden. Es läßt sich mehr oder weniger auf die gesamte Anden-Amazonas-Region von Peru bis Venezuela übertragen, auch wenn die konkrete Zusammensetzung der einzelnen Höhenlagen in einem so ausgedehnten Gebiet verständlicherweise etwas variiert.

In Kolumbien dehnt sich der für das Amazonasbecken typische immergrüne tropische Regenwald in Richtung Westen bis zum Fuße der Anden aus. Dabei erklimmt er in der Gebirgskette eine Höhe von fast 1.000 m (mehr zu den tropischen Regenwäldern siehe S.14).

Etwas weiter im Innern der Andenregion wird der Regenwald

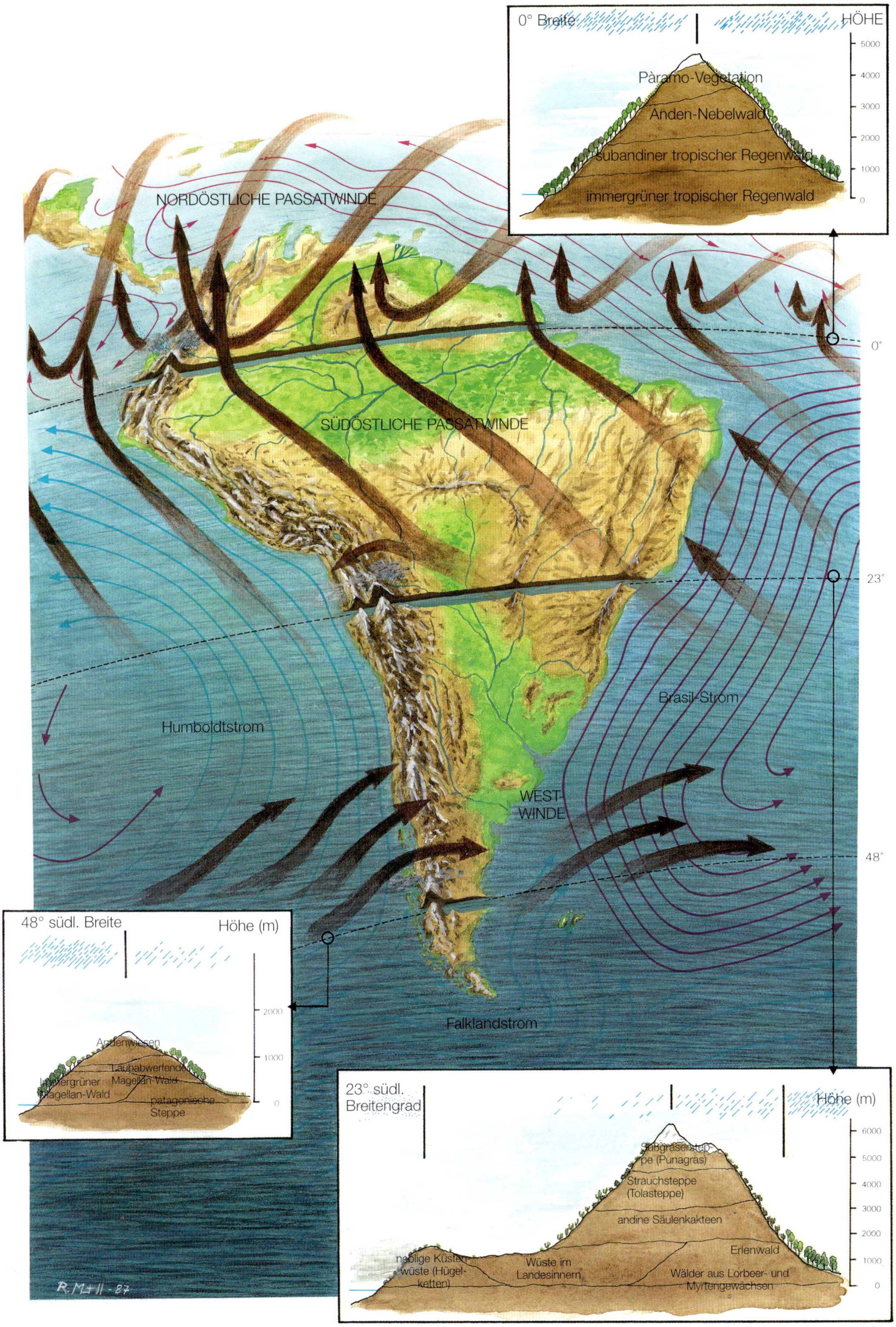
0° Breite
HÖHE
5000
4000
3000
2000
1000
0
Pàramo-Vegetation
Anden-Nebelwald
subandiner tropischer Regenwald
immergrüner tropischer Regenwald
NORDÖSTLICHE PASSATWINDE
SÜDÖSTLICHE PASSATWINDE
0°
23°
48°
Humboldtstrom
Brasil-Strom
WEST-
WINDE
Falklandstrom
48° südl. Breite
Höhe (m)
2000
1000
0
Andenwiesen
Laubabwerfender
Magellan-Wald
Immergrüner
Magellan-Wald
patagonische
Steppe
23° südl.
Breitengrad
Höhe (m)
6000
5000
4000
3000
2000
1000
0
Süßgräserstep-
pe (Punagras)
Strauchsteppe
(Tolasteppe)
andine Säulenkakteen
Erlenwald
neblige Küsten-
wüste (Hügel-
ketten)
Wüste im
Landesinnern
Wälder aus Lorbeer- und
Myrtengewächsen
R. M+ll -87

der unteren Zone vom sogenannten subandinen Regenwald abgelöst, der sich bis zu einer Höhe von 2.000-2.400 m ausdehnt.

Dieser Regenwald hat den immergrünen Charakter des niederen Regenwalds, obgleich man mit zunehmender Höhe auch hier entscheidende Veränderungen wahrnehmen kann. Von den drei typischen Stockwerken des Regenwalds bleiben nur die zwei unteren erhalten, der durchschnittliche Durchmesser der Baumstämme wird kleiner, und die Zahl der Brettwurzeln nimmt ab. Desgleichen verringert sich die durchschnittliche Blattgröße, und Gewächse wie Palmen, insbesondere Großpalmen, sowie Lianen und verholzte Epiphyten sind seltener anzutreffen.

Die Artenvielfalt der Bäume ist in diesen Regenwäldern immens, wenn auch nicht ganz so üppig wie in den niedriger gelegenen Wäldern. Aus dieser unendlichen Vielfalt möchten wir hier eine Spezies ganz besonders hervorheben, den Chinarindenbaum (von der Gattung der *Cinchona*), aus dessen Rinde das Chinin gewonnen wird. Andere für diese Wälder typische Elemente sind der Bambus (Gattung der *Chusquea*) und die baumartigen Farne (Gattungen der *Cyathea, Alsophyla, Dicksonia*). Die Höhe von 1.500 m stellt die Vegetationsgrenze für eine große Zahl tropischer Gewächse dar, während andere Spezies, die gewöhnlich in den gemäßigten Lorbeerwäldern zu Hause sind, an Bedeutung gewinnen (Weinmannia, Drimys, Ilex und Myrica). Ihre Existenz erklärt sich durch die Ähnlichkeit der klimatischen Bedingungen. Der Lorbeerwald *(Laurisilva)* benötigt für sein Wachstum eine mehr oder weniger konstant hohe Luftfeuchtigkeit und gemäßigte Temperaturen ohne extreme jahreszeitliche Schwankungen. Diese Bedingungen sind im subandinen Klima allesamt erfüllt.

In 2.400 m Höhe beginnt die Landschaft der Andenwälder, die bis zur Grenze von 3.800 m einen kontinuierlichen Vegetationsstreifen bilden. In der gleichen Höhe befinden sich auch die Wolken und Nebelfelder, die aus dem Kondenswasser der aus den niedrigeren Lagen emporsteigenden Luft entstehen. Die Umgebung ist andauernd neblig und diesig, daß man auch vom Anden-Nebelwald spricht.

In diesen Wäldern kann man einerseits die Fortführung der physiognomischen Tendenzen der niedrigeren Lage beobachten, andererseits aber auch feststellen, daß eine neue Spezies, wie z.B. die Weinmannia, zunehmend an Bedeutung gewinnt. Neben dieser und anderen bereits in den unteren Regenwäldern vorkommenden Arten müssen hier auf jeden Fall folgende besonders typische Spezies genannt werden: *Escalonia, Alnus* (Erle), *Podocarpus* (Nadelbaum) und die außergewöhnlichen Wachspalmen *(Ceroxylon andina)*, die mit einer Höhe von gelegentlich über 40 m aus dem Baumhimmel ragen.

Eines der hervorstechendsten Merkmale des Andenregenwalds ist das verschwenderische Übermaß an epiphytischen Pflanzen. Die Bromelien, Orchideen, Lobeliazeen und Begonien tragen zusammen mit anderen zu der Üppigkeit dieser Regenwälder bei. Es sind aber vor allem die Farne und Moospflanzen, die in diesem Klima permanenter Nebel die Pflanzengemeinschaft dominieren, indem sie alle Äste und Baumstämme bedecken.

In ungefähr 3.600-3.800 m Höhe beginnt die andentypische Pàramo-Landschaft. Riesige, baumlose Weiten beschließen die Vegetation der tropischen Anden bis zur Höhe der Dauerschneegrenze (ca. 4.700 m). Mit ihrem kalten und feuchten Klima markiert die Pàramo-Landschaft das Ende des Regenwalds. Die Vegetation besteht vorwiegend aus Graswiesen, die vereinzelt mit Sträuchern oder kleinen Bäumchen von einem oder zwei Meter Höhe gespickt sind. Daneben existiert eine große Vielfalt an nest-, kissen- oder rosettenförmigen Pflanzen. Die individuellste biologische Form ist allerdings ohne Zweifel die der Schopfbäume (Gattung der *Espeletia*). Sie bilden große Rosetten mit weißlichen, filzig behaarten Blättern, die aus dem Ende des aufrechten Stamms ohne Verzweigungen hervorsprießen und Mannshöhe erreichen. Diese eigentümliche Form (Schopfbäume) ist tropischen Ursprungs und kommt auch in anderen Pflanzengemeinschaften wie bei den baumartigen Farnen und den Palmen vor.

Der deutlich erkennbare xerophyte (trockenheitsangepaßte) Charakter der Vegetation in der Pàramo-Landschaft steht im Gegensatz zu der hohen Luftfeuchtigkeit. Kleine bis sehr kleine, harte und ledrige Blätter und ein Übermaß an filzig behaarten Pflanzen sind typische Anpassungsmerkmale an die Trockenheit. Es gibt zwar Wasser im Überfluß, doch erschweren die niedrigen Temperaturen und der erhöhte osmotische Bodendruck die Wasseraufnahme über die Wurzeln. Hinzu kommt die intensive Transpiration, der die Pflanzen in den seltenen Momenten ausgesetzt sind, in denen die Sonne von einem wolkenlosen, blauen Himmel strahlt. Der Trocknungseffekt des Winds, sowie der in diesen Höhen herrschende niedrige Luftdruck sind weitere einflußreiche Faktoren.

Man kann die Beschreibung dieser Gebirge nicht beenden, ohne ein interessantes ökologisches Problem benannt zu haben. Welcher Faktor oder welche Faktoren bestimmen die Höhengrenze des Walds in den tropischen Anden? Hier ist der Verweis auf die für ein Baumleben zu kurze Dauer des Sommers nicht gültig, da die Temperaturen über das ganze Jahr gesehen recht einheitlich bleiben. Alles scheint darauf hinzudeuten, daß der entscheidende Faktor in der Temperatur des Bodens zu suchen ist, der im Jahresverlauf einheitlich kalt bleibt. Zusammen mit der Tatsache, daß die Wurzeln der tropischen Bäume eine Mindesttemperatur von mehr als 0° C für ihre vegetative Tätigkeit benötigen, ist dies entscheidend dafür, daß die Bäume auch bei Temperaturen über dem physikalischen Gefrierpunkt erfrieren können.

Zoneneinteilung der äquatorialen Anden

Die Vegetation des Wassers und der Übergang zum Festland (Die Torfmoore)

DIE UNTERWASSERWELT

DAS PHYTOPLANKTON

Die Unterwasserlandschaft ermöglicht für die Pflanzenwelt auf dem Festland vollkommen undenkbare Lebensformen. Obwohl es Arten gibt, die fest am Untergrund leben - am Boden anhaftend oder in ihm verwurzelt, wird der Großteil der Photosynthese im ökologischen System des Wassers - in den Meeren, Seen, Bächen und Flüssen - von Arten, die ein Wanderleben führen, vollzogen. Sie leben freischwimmend in den Gewässern und werden in ihrer Gesamtheit mit dem Namen »Phytoplankton« bezeichnet.

Die Organismen des Phytoplanktons sind hauptsächlich Algen von mikroskopischer Größe. Unter die Bezeichnung »mikroskopische Algen« fallen von ihrem Ursprung und ihrer Struktur her sehr unterschiedliche Organismen. Einige wenige, die inkorrekterweise als »blaue Algen« oder als Cyanophyceen bezeichnet werden und eher den Photosynthesebakterien als den Pflanzen ähneln, sind Prokaryonten. Das bedeutet, daß ihre Erbinformation nicht in Chromosomen angeordnet ist und sie über keinen Zellkern verfügen. Die übrigen, die Mehrheit bildenden Algen, sind Eukaryonten, die über Chromosomen und eine Kernmembran, die diese vom Zellplasma trennt, verfügen. Nachfolgende Gruppen gehören zur Kategorie der mit einem Kern versehenen Algen, die alle einen planktonischen Vertreter haben: Dinophyzeen, Cryptophyzeen, Chrysophyzeen, Kieselalgen, Xanthophyzeen, Euglenales und Chlorophyzeen (Grünalgen).

Der Aufbau der Planktonalgen ist sehr primitiv. Es handelt sich um einzellige Organismen. Sie bestehen aus einer einzigen Zelle oder höchstens aus dem Zusammenschluß einiger weniger, unter sich identischer Zellen, oder aus solchen, die nur ansatzweise einen fortschrittlicheren Aufbau aufweisen. In vielen Fällen bildet das Auftreten von Flimmerhärchen - fadenförmige, bewegliche Strukturen, wie schwimmende Reitgerten - ein so regelmäßig anzutreffendes Merkmal, daß es bei der Klassifizierung der verschiedenen Gruppen eine große Hilfe darstellt. Die Schwimmfähigkeit der Algen ist jedoch nicht sehr ausgeprägt, wodurch das Phytoplankton ständig von der Bewegung des Wassers abhängig ist. Diese Abhängigkeit ist es, die weitgehend über die Eigenschaften und die Dynamik der Algen entscheidet.

ANPASSUNGEN AN DAS PHYTOPLANKTONISCHE UMFELD

Da die Zellen des Phytoplanktons photosynthetisch aktiv sind, hängt ihr Leben davon ab, ob es Licht und Mineralstoffe in dem umgebenden Wasser gibt. Neben Kohlendioxyd werden vor allem Nitrate und Phosphate benötigt. Speziell bei Kieselalgen ist vor allem das Vorhandensein von Silikaten notwendig, da Silizium für die Ausbildung der Schalen sehr wesentlich ist.

Das Licht

In einem See oder in einem Meer dringt das Sonnenlicht durch die Oberfläche ins Wasser und wird zu einem hohen Prozentsatz während der ersten Meter absorbiert. Daher wird der Lebensraum des Phytoplanktons durch die Dicke der sonnendurchfluteten Wasserschicht, die die sogenannte Nährzone bildet, eingegrenzt. Allein von diesem Faktor ausgehend läßt sich sagen, daß das Überleben des Phytoplanktons von seiner Fähigkeit abhängt, in der lichtdurchfluteten Zone zu verbleiben und sich der Gravitation zu widersetzen, die tendentiell eine Bodenablagerung der Zellen bewirkt. (Die Dichte der Organismen des Süßwasserphytoplanktons ist 1,01 bis 1,03 Mal größer als die von Wasser.) Das Phytoplankton muß auch der turbulenten Wasserbewegung Widerstand leisten, die sonst eine Desintegration bewirke würde. Phytoplanktonische Gemeinschaften sind in der Tat unter dem Druck entstanden, den die konstante Vertreibung von Zellen zu den tieferen, unbewohnbaren Wasserschichten mit sich bringt. Wie haben sie sich an die objektiv stattfindenden Dezimierungen ihrer Populationen anpassen können? Eine Entwicklungsstrategie gegen dieses Abtöten besteht darin, in einem ausreichend schnellen Rhythmus neue Lebewesen zu erzeugen, so daß das Wachsen der Population durch Reproduktion die Zahl der Verluste kompensieren kann. Diese Strategie unterscheidet sich nicht von derjenigen anderer Pflanzengemeinschaften, die ebenfalls einer systematischen Deportation eines Teiles ihrer Zugehörigen ausgesetzt sind. So verhält es sich zum Beispiel bei Wiesen und Weideflächen unter der Einwirkung von Pflanzenfressern, Feuer oder ungünstigen, klimatischen Bedingungen. Sie haben sich alle an die Notwendigkeit einer schnellen Erneuerung effektiver Verluste angepaßt.

Außer dieser eher allgemeingültigen Strategie weisen die Organismen des Phytoplanktons morphologische und physiologische Anpassungen auf, die bewirken können, daß die Geschwindigkeit der Sedimentation (des Absinkens zum Boden) abnimmt.

Die kleine Größe der Organismen begünstigt natürlich ihre Fähigkeit, nahe der Wasseroberfläche zu schwimmen. Auch die Flimmerhärchen sind dafür ein Vorteil. Ein Beweis dafür ist, daß sich am Ende eines Sommers so viele Algen mit Flimmerhärchen im Phytoplankton befinden (in den Seen der gemäßigten Zone), zu einem Zeitpunkt, da die Gewässer eine Phase maximaler Erwärmung erfahren haben und sich in minimaler Bewegung befinden.

Ein weiteres zur Anpassung gehörendes Merkmal ist die Form der Zellen. Das Ausbilden von

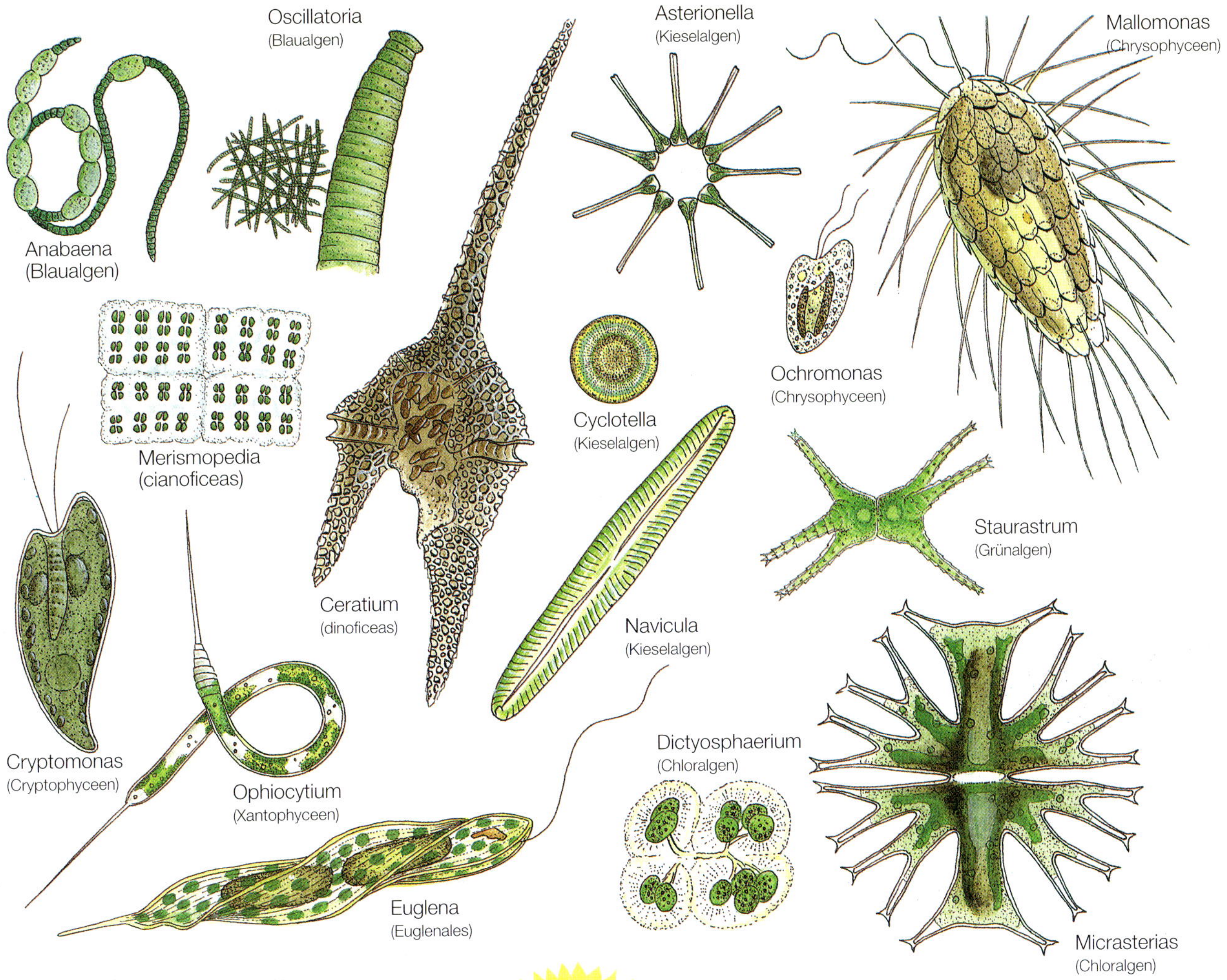
Anabaena
(Blaualgen)
Oscillatoria
(Blaualgen)
Asterionella
(Kieselalgen)
Mallomonas
(Chrysophyceen)
Merismopedia
(cianoficeas)
Cyclotella
(Kieselalgen)
Ochromonas
(Chrysophyceen)
Staurastrum
(Grünalgen)
Ceratium
(dinoficeas)
Navicula
(Kieselalgen)
Cryptomonas
(Cryptophyceen)
Ophiocytium
(Xantophyceen)
Dictyosphaerium
(Chloralgen)
Euglena
(Euglenales)
Micrasterias
(Chloralgen)

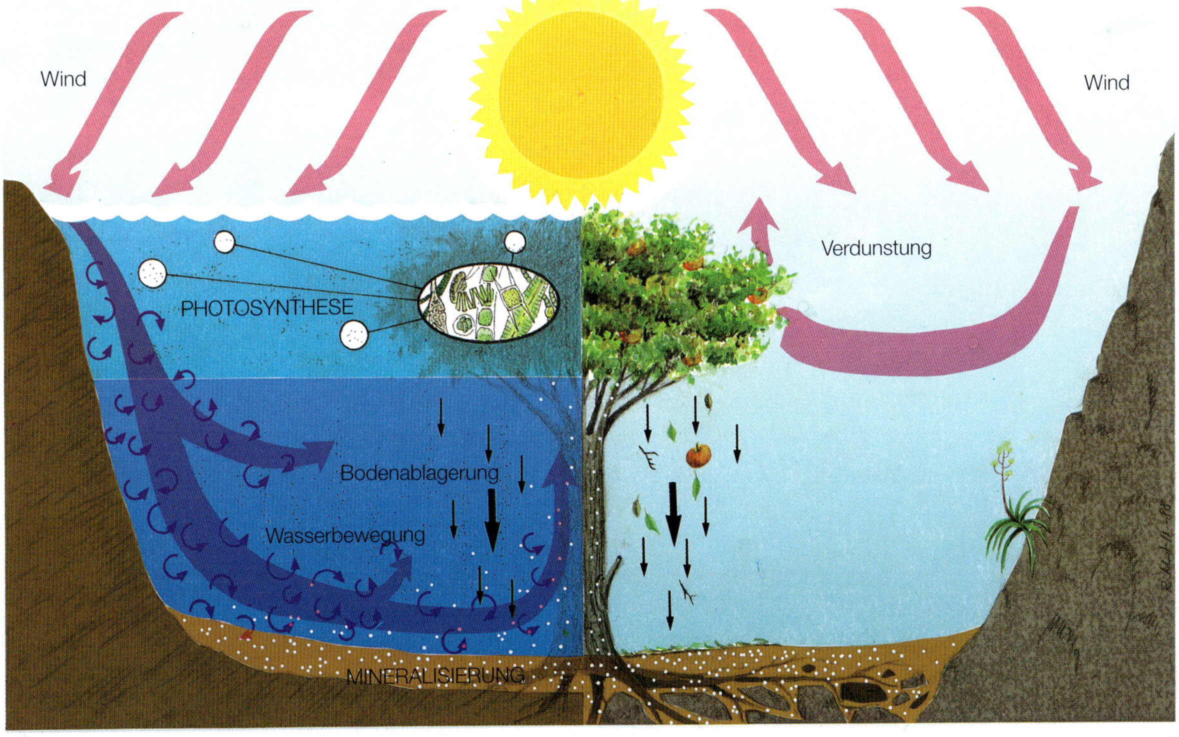
Wind
Wind
Verdunstung
PHOTOSYNTHESE
Bodenablagerung
Wasserbewegung
MINERALISIERUNG

Formen mit einem erhöhtem Verhältnis zwischen Oberfläche und Volumen darstellen, also zylinderartige oder scheibenrunde Formen, erweist sich als vorteilhaft, da die Sedimentationskräfte sich proportional zum Volumen verhalten. Die Auftriebs- und die Reibungskräfte hingegen verhalten sich proportional zur Oberfläche. In dieser Hinsicht wirkt das Vorhandensein von Dornen und Auswüchsen vergrößernd auf Oberfläche und Reibungswiderstand.

Das Erzeugen von Umhüllungen aus Pflanzenschleim - allgemein von geringerer Dichte als die Zelle -, das Ausbilden von Gasvakuolen und die Anhäufung von Fetten zählen schließlich auch zu den Möglichkeiten, die Schwimmfähigkeit der Algen zu verbessern. Allerdings ist nicht geklärt, ob dieser Zweck den Hauptauslöser der Prozesse darstellt. Vor allem bezüglich der Anhäufung von Pflanzenschleim und Fetten herrscht Unklarheit.

Die Mineralnährstoffe

Obwohl die Wasserunruhe sich negativ auf das Plankton auswirkt, da Zellen aus der Nährzone entfernt werden, steht fest, daß es sich hierbei um ein eine sehr wesentliche ökologische Funktion erfüllendes Phänomen handelt. Die Bewegung des Wassers gewährleistet das Überleben der phytoplanktonischen Gemeinschaften.

Während die Herstellung organischer Materie (durch Photosynthese) sich an der Wasseroberfläche abspielt, findet der Abbau derselben und die daraus resultierende Freisetzung von Mineralnährstoffen im tiefen und dunklen Wasser statt, genauer gesagt im Bereich der Bodenablagerungen. Um die Nährstoffe dem Phytoplankton wieder zugänglich zu machen, ist ein Rücktransport an die Wasseroberfläche notwendig. In den Meeren wird dieser von der turbulenten Wasserbewegung unter Einfluß des Windes gewährleistet. Um das Aussterben des Phytoplanktons durch Verhungern zu verhindern, ist die Bewegung des Wassers überlebensnotwendig.

DIE WASSERMAKROPHYTEN

Unter die Bezeichnung Makrophyten fallen alle Formen von größeren, also makroskopischen Wasserpflanzen: angefangen bei Makroalgen und einigen an das Leben im Wasser angepaßten Moosen und Farnen bis hin zu wirklich höheren Pflanzen (Bedecktsamer).

Bei der eingehenden Untersuchung eines Sees wird offensichtlich, daß es Vegetationsgürtel mit charakteristischen Merkmalen gibt, die je nach Beschaffenheit des Gewässers mehr oder weniger regelmäßig und kontinuierlich verlaufen. Vom Ufer des Gewässers an oder besser gesagt, den an das Wasser angrenzenden Bereichen bis hin zur Seemitte, können wir folgende Typen von Wasserpflanzen unterscheiden:

a) *Aus dem Wasser ragende Makrophyten,*
die feuchte oder bis zu 1,5 m Tiefe in Wasser stehende Böden besiedeln, wo starke Wurzelstöcke oder Wurzelsysteme sich niederlassen. Ihre Stengel und Blätter befinden sich jedoch an der Luft. Zu diesem Pflanzengürtel gehören unter anderem das Schilfrohr (der Gattung *Phragmites*), die Binse (Gattung *Scirpus*), der Rohrkolben (Gattung *Typha*) und das Zypergras (*Cyperus giganteus*).

b) *Makrophyten mit schwimmenden Blättern,*
die in 0,5 bis zu 3 m Tiefe in den unter Wasser stehenden Böden verwurzelt leben. Sie zeichnen sich durch Blätter aus, deren Blattstiellänge sich proportional zu der Tiefe verhalt, in der sie leben. Auf diese Weise breiten sie sich an der Wasseroberfläche aus. Ihre Blüte befindet sich beständig an der freien Luft. Typische Beispiele für diesen biologischen Typ sind die Seerosen (Gattungen *Nuphar, Nymphaea*) oder die wunderschöne Nymphaeazee *Victoria cruziana*.

c) *Unterwassermakrophyten,*
die sich bis zur Grenze der Nährzone ausbreiten, wobei zu beachten ist, daß Bedecktsamer nicht tiefer als 10 m reichen. Zu dieser Gruppe gehören: Algen wie z.B. die Armleuchteralgen (Gattungen *Chara, Nitella*). Farnartige Pflanzen, die so primitiv wie die Brachsenkräuter ausgebildet sind (Gattung *Isoetes*); viele Moose und Bedecktsamer, die bei Aquariumliebhabern sehr bekannt sind, wie *Elodea, Myriophyllum, Potamogeton, Cabomba* und sehr viele mehr.

Außer der von uns betrachteten Zone umfaßt die Gruppe der schwimmenden Makrophyten auch solche, die freilebend sind, entweder an der Wasseroberfläche - *Eichhornia, Pistia, Lemna, Azolla, Salvinia* - oder unter Wasser - *Ceratophyllum* oder *Utricularia*. Die Blätter der zuletzt genannten Pflanze sind zu Fallen umgebildet worden, die dem Fang von kleinen Tieren im Plankton dienen. Dadurch kann der Mangel an im Wasser gelösten Mineralnährstoffen kompensiert werden (siehe S. 86 bezüglich der fleischfressenden Pflanzen).

ANPASSUNGEN DER MAKROPHYTEN AN DAS LEBEN IM WASSER

Die Vielfalt der Habitate der verschiedenen Makrophyten macht ganz unterschiedliche Anpassungen erforderlich. Die Wurzeln oder Wurzelstöcke von aus dem Wasser ragenden Makrophyten leben in einem fortwährend sauerstofflosen Umfeld. Sie müssen ihn durch an der Luft gelegene Organe beziehen, die morphologisch und physiologisch denen der Festlandpflanzen ähneln. Um den Gasaustausch zu vereinfachen, verfügen mesophylle Blätter über große, luftgefüllte Räume (Aereuchym), die von gas-, aber nicht wasserdurchlässigen Trennwänden unterbrochen sind.

Die Makrophyten mit schwimmenden Blättern sind einer mechanischen Spannung ausgesetzt, die durch die Wasserbewegung entsteht. Daraus ergibt sich die Ausbildung von pelzigen, kräftigen Blättern, deren Form kreisrund ist.

Die sehr biegsamen Blattstiele sind etwas länger als das Wasser tief ist . Dadurch ist es möglich, daß ihre Blätter immer an der

Pontederia
Eichhornia
Chara
Lemna
Salvinia
Isoetes
Nymphaea
Victoria
Typha
Scirpus
Myriophyllum
AUS DEM WASSER RAGENDE MAKROPHYTEN
MAKROPHYTEN MIT SCHWIMMENDEN BLÄTTERN
FREIE SCHWIMMENDE MAKROPHYTEN
UNTER WASSER LEBENDE MAKROPHYTEN

Oberfläche inmitten der Brandung verbleiben. Auf ihrer Oberfläche befindet sich eine wasserabweisende Kutikula. Es ist die einzige Blattseite, die mit Spaltöffnungen versehen ist. Die Kutikula schützt die Blätter vor Feuchtigkeit. An bestimmten Stellen der Blätter gibt es Massen eines schwammförmigen Gewebes, wodurch das Schwimmen an der Oberfläche leichter wird.

Die Lebensbedingungen für unter Wasser lebende Pflanzen sind ganz anders. Der unter Wasser bestehende Lichtmangel führt zur Ausbildung von Blättern, die nur wenige Zellschichten dick sind und über eine mit Chloroplasten versehene Epidermis verfügen. Entsprechend der sich langsam vollziehenden Verteilung der Gase im Wasser, sind die Blätter gewöhnlich in feine Fransen gegliedert, wodurch eine Vergrößerung der Absorptionsoberfläche erreicht wird. Außerdem ist die Kutikula sehr dünn. Sofern das Blatt über ein Mesophyll verfügt, erscheint dieses in Form eines Gewebes mit großen, luftgefüllten Freiräumen zwischen den Zellen. Es gibt keine Spaltöffnungen mehr. Das System von Wasserbahnen ist nur wenig entwickelt und aufgrund der Schwimmfähigkeit der Stengel und der Blätter gibt es kein Stützgewebe mehr und auch kein nachträgliches Anwachsen der Dicke.

DER ÜBERGANG ZUR FESTLANDVEGETATION: DIE TORFMOORE

In jedem kleinen Sumpfbecken führt die fortwährende Sedimentation der organischen Materie und von Erdreich dazu, daß seine Tiefe immer geringer wird. Zugleich vollzieht sich innerhalb der Wasserpflanzenvegetation ein Prozeß der ökologischen Sukzession: Die Makrophytengürtel mit schwimmenden Blättern und die aus dem Wasser ragenden Makrophyten bewegen sich auf die Mitte des Beckens zu und werden schließlich dominant. In dieser Etappe der Sukzession, die als Moor bezeichnet wird, benetzt das Wasser die Bodenablagerung, aber nicht die Freiräume zwischen den Pflanzen. Schließlich löst die Anhäufung organischer Materie, die von den aus dem Wasser ragenden Makrophyten herstammt, einen Prozeß der Torfbildung aus. Dieser begünstigt die Niederlassung einer neuen Pflanzengemeinschaft: das eindeutig säureliebende (acidophile) Torfmoor. Es beheimatet Süßgräser, Riedgräser und in besonders feuchtem Klima auch Moose. Im euroasiatischen Kontinent erstrecken sich die Torfmoore über enorm große Gebiete, die zum Einzugsgebiet der nördlichen Nadelwälder gehören. In diesen Gebieten, wo der Niederschlag stärker als die Verdunstung ist, sofern der Wasserüberschuß nicht an einen Wasserlauf abgegeben werden kann, versumpft der Boden und es entsteht ein Torfmoor. In Südamerika, auf den Inseln und an den südlicheren Küsten, die dem direkten Einfluß der Ostwinde ausgesetzt sind, wird ein ganzjährig gleichbleibend kaltes und regnerisches Klima ausgebildet, mit Niederschlägen bis zu 5.000 mm pro Jahr, unter dessen Einfluß eine ganze Reihe von Pflanzengemeinschaften ausgebildet werden, die alle unter der Bezeichnung »Tundra von Magellan« bekannt sind, aber in Wahrheit Torfmoore sind.

WAS IST TORF?

Torf ist ein kohlenstoffhaltiges Material, das aus halbverwesten Pflanzenresten besteht. Bei kaltem Klima verhindern die niedrigen Temperaturen natürlich eine schnelle Verwesung. Dieses ist jedoch nicht der Hauptgrund, weshalb Torf gebildet wird. In den Mooren bewirkt die Anhäufung von organischer Materie der Makrophyten, die durch ihren eigenen Widerstand gegen die Verwesung und die hohe Produktivität der Pflanzen noch verstärkt wird, daß eine starke Versäuerung des Bodens erfolgt. So wie die Böden in der Tundra von Magellan sind auch die Böden des Nordens bereits von Natur aus säurehaltig und arm an Mineralsalzen. Hinzu kommt die Versumpfung des Bodens, die aufgrund des Auftretens so vieler organischer Stoffe einen starken Sauerstoffmangel bewirkt. Unter diesen Bedingungen wird die tote Pflanzenmaterie zu einem sauren Humus, der sehr arm an Stickstoff ist (Torf). Er widersteht dem Angriff von Bakterien und Pilzen, die hauptverantwortlich sind für die Mineralisierung der im Boden enthaltenen organischen Materie. Gemeinsam mit den humusartigen Substanzen treten Phenole, Chinone und organische Phenolsäuren auf, die eine stark hemmende Wirkung auf die zersetzende Kraft der Bakterien ausüben: Der Zustand bester Konservierung von menschlichen Körpern, die vor mehr als 2000 Jahren in Torfgräbern beigesetzt wurden, beweist, daß Torf in hervorragender Weise keimtötend wirkt.

Der starke Säuregehalt und der große Mangel an Ionen, die für das Wasser in den Torfmooren typisch sind, ist nicht allein auf die Bodenbeschaffenheit zurückzuführen. In den aus Moosen bestehenden Torfmooren, insbesonders aus dem Torfmoos (Gattung *Sphagnum*), sind es die Pflanzen selbst, die auch nach ihrem Absterben als hartnäckige Vertilger der Kationen in Erscheinung treten und die Ionen gegen Wasserstoff (H^+) austauschen. Der PH-Wert des Wassers in Torfmooren kann bis unter 3 absinken. Mit zunehmendem Säuregehalt wird die Verwesung der Materie immer langsamer und die Ansammlung von Torf somit immer größer.

VEGETATION UND ÖKOLOGIE DER TORFMOORE

Je nach Ursprung des Wassers, von dem sie befeuchtet werden, können zwei grundlegende Arten von Torfmooren unterschieden werden: Niedermoore oder topogene Torfmoore und Hochmoore oder ombrogene Torfmoore.

Niedermoore entstehen, wenn der Grundwasserspiegel der unterirdischen Gewässer so hoch ansteigt, daß Grundwasser über der Bodenoberfläche austritt, so daß die heranwachsende Vegetation von diesem Wasser Feuchtigkeit erhält. Die dafür

Carex nigra
Eriophorum angustifolium
Schoenus antarcticus
NIEDERMOOR
Donatia fascicularis
Sphagnum magellanicum
Sphaghnum palustre
Photosyn-
thesezellen
(in schwarz)
Wasser-
speicherzellen
(in grau)
Drosera angustifolia
AUSBILDUNG EINES HOCHMOORS
Pinguicola vulgaris

typische Flora besteht hauptsächlich aus Vertretern der Familie der Riedgräser. Für Niedermoore der nördlichen Halbkugel typische Gattungen sind: *Carex, Scirpus* und *Eriphorum*. Der *Schoenus antarcticus* ist hingegen für südliche Torfmoore typisch. Im Umfeld der Tundra von Magellan entwickelt sich eine besondere Art von Niedermoor, mit Pflanzen, die Rasen und Polster bilden. Für diese Pflanzengemeinschaft typische Arten sind: *Donatia fascicularis* und *Astelia pumilia*.

In den Hochmooren erhebt die Vegetation sich über den Grundwasserspiegel und deckt ihren Wasserbedarf allein mit Regenwasser, das seine Oberfläche befeuchtet. Für diese Torfmoore sind Moosgemeinschaften charakteristisch, vor allem Moose der Gattung *Sphagnum (S. palustre, S. subnitens, S. magellanicum)*. Die kleinen Zweige des Torfmooses wachsen an der Spitze und sterben von unten her ab. Dieses tote Geäst wird zu Torf. Diese Art des Wachstums führt zur steigenden Höhe des Torfmoores. Wenn die Moosschicht höher hinaufsteigt, verliert sie den Kontakt zum Grundwasserspiegel und wird vom Regenwasser abhängig. Vor allem die Torfmoose haben sich an die Notwendigkeit, diese Feuchtigkeitsquelle zu nutzen, angepaßt. Sie können Wassermengen speichern, die einem Vielfachen ihres eigenen Gewichtes entsprechen. Deshalb verfügen ihre kleinen Blätter über ein Netz aus dünnen, lebendigen Zellen, die Photosynthese betreiben und von großen, toten Zellen umgeben sind, die ihnen als Wasserspeicher dienen. Die Wände dieser Zellen sind verstärkt und verfügen über Poren, durch die das Wasser eindringen kann.

Von den Moosen einmal abgesehen, gibt es nur wenige Samenpflanzen, die auf einem Unterboden wie dem des Hochmoores gedeihen können. Zu der ständigen Gefahr, vom kontinuierlichen Wachstum der Torfmoose erstickt zu werden, gesellt sich nämlich noch der ausgesprochene Mangel an Mineralnährstoffen. Hier ist dieser Mangel noch stärker ausgeprägt als in den Niedermooren, da dem Regenwasser so eindeutig sämtliche Ionen entzogen werden, wozu die Fähigkeit der Torfmoose, Ionen zu tilgen, beiträgt. Deshalb sind die wenigen Arten, die die Oberfläche der Torfmoore besiedeln, wahre Asketen der Pflanzenwelt.

Einer der ausgeprägtesten Mineralmängel ist der Stickstoffmangel. Einige Pflanzen, wie *Drosera* (Sonnentau) oder *Pinguicola* ergänzen ihren Mineralhaushalt durch das Assimilieren des Stickstoffes der Insekten, die sich auf ihren kleinen Blättern verfangen: Dies sind fleischfressende Pflanzen. Einige Forscher haben den Stickstoffmangel mit einer der widersprüchstlichen Eigenschaften der Torfmoorpflanzen in Verbindung gebracht: Je mehr Wasser in großen Mengen vorhanden ist, desto stärker scheinen die Torfmoorpflanzen sich der Trockenheit angepaßt zu haben. Ihren Erklärungen zufolge ist die Anpassung an Trockenheit (Xeromorphose) nicht nur ausschließlich eine Reaktion auf die Trockenheit, sondern eine ganz allgemeine Reaktion der Pflanze auf jede Art von von umweltbedingten Einschränkungen wie Wassermangel, Sauerstoffmangel des Bodens, Stickstoffmangel, u.s.w.

Es steht auch fest, daß der große Wasseranteil in den Torfmooren dazu führt, daß diese sich nur langsam erwärmen und daß die Pflanzen bei den niedrigen Temperaturen des Bodens, in dem sie sich entwickeln, Schwierigkeiten haben können, um Wasser zu absorbieren. Allerdings fällt es ihnen unter diesen Bedingungen auch schwer, Stickstoff zu assimilieren, womit das Problem also ungeklärt bleibt.

Inhalt